STUDIENGRUPPE FÜR SYSTEMFORSCHUNG e.V. Heidelberg
Bericht Nr. 111

Karl-Heinrich Meyer-Uhlenried

FORSCHUNGSPLANUNG ALS INFORMATIONSPROBLEM

VERLAG DOKUMENTATION, PULLACH bei MÜNCHEN
1972

Dr. Karl-Heinrich Meyer-Uhlenried
EURATOM - C.C.R., I-21020 Ispra (Varese), Italien

Die Arbeit wurde anläßlich eines Detachements
des Verfassers zur
Studiengruppe für Systemforschung,
D-69 Heidelberg, Werderstr. 35,
in der Zeit vom Oktober 1968 bis Mai 1972 erstellt.

Bericht Nr. 111

Verlag Dokumentation Saur KG Pullach bei München,
8023 Pullach, Jaiserstr. 13
Printed in West Germany
ISBN 3-7940-3711-1

Zusammenfassung

Als Grundlage für die Erörterung von Notwendigkeit und Möglichkeiten der Planung wissenschaftlicher Forschung und den damit zusammenhängenden Informationsproblemen werden zunächst wissenschaftstheoretische Überlegungen angestellt, die den Übergang der Wissenschaftsbetrachtung von der klassischen, statischen Auffassung zur neueren, dynamischen Betrachtungsweise als Ausdruck der engen Verflechtung zwischen Wissenschaft und Gesellschaft und damit der Politik deutlich machen. Auf diesem Hintergrund werden die Begriffe "System" und "Planung" diskutiert und die Forschungsplanung als ein kybernetischer Regelungsvorgang beschrieben, in dem eine Fülle von Informations- und Entscheidungsprozessen ablaufen. Dabei wird unterschieden zwischen der Planung eines konkreten Forschungsvorhabens, für das Methoden einer wegorientierten Planung vorgeschlagen werden, und der Planung auf der Ebene der Forschungspolitik und Forschungsförderung, für die zielorientierte Planungsmethoden geeigneter sind.

Informationswissenschaftliche Überlegungen führen zu einer Typologie der Informationssysteme, die für eine Forschungsplanung relevant sind. Dabei wird die Notwendigkeit der Kompatibilität zwischen Informationssystemen als Voraussetzung für einen Verbund dieser Systeme als Informationsbasis für die Forschungsplanung hervorgehoben. Planung ist nur als Vorbereitung von Entscheidungen sinnvoll. Entscheidungstheoretische Überlegungen zeigen sowohl die verschiedenen Arten von Entscheidungen auf, als auch die einzelnen Phasen des Entscheidungsprozesses. Informationsbereitstellung und Bewertungsverfahren sind wesentliche Komponenten dieses Prozesses und damit der Forschungsplanung. Konsequenzen aus diesen Zusammenhängen werden sowohl für die wegorientierte als auch die zielorientierte Forschungsplanung aufgeführt.

Summary

As a basis for the discussion of the necessities and possibilities of planning scientific research and of the information problems which are closely connected with them considerations based on the theory of knowledge are made which show how the outlook on science has moved from the classic statical concept to the more recent dynamic approach as an expression of the close connection between science and society and with that politics. With this being the background the terms "system" and "planning" are discussed and research planning is described as a cybernetic regulation process, in which plenty of information and decision processes take place. It is distinguished between the planning of a concrete research project for which methods of path-oriented planning are suggested and the planning on the level of research politics and research support for which aim-oriented planning methods are more appropriate.

Considerations on the basis of information science lead to a typology of information systems which are relevant for research planning. The necessity of compatibility between information systems is stressed. This compatibility is a prerequisite for research planning. Planning is only significant as a preliminary to decision making. Theoretical considerations about decisions show both the different kinds of decisions and the individual phases of the decision making process. The supply of information and evaluation procedures are essential components of this process and thus of research planning. Consequences of these connections are stated both for path-oriented and aim-oriented research planning.

Résumé

La discussion sur la nécessité et les possibilités d'une planification de la recherche scientifique ainsi que les problèmes annexes est menée sur la base de considérations épistémologiques. Ces considérations mettent en évidence l'évolution de l'interprétation scientifique à partir de l'interprétation classique, statique jusqu'à l'interprétation plus récente, dynamique. Cette dernière tient compte de l'interdépendance entre les sciences et la société et par là, de la politique. Les termes "système" et "planning" sont discutés sur cette base et la planification de la recherche est décrite en tant que procédé de contrôle cybernétique dans lequel un certain nombre de procès d'information et de décision se succèdent. La distinction est faite entre d'une part le "planning" d'un programme de recherche concrèt, pour lequel des méthodes "path-oriented" sont proposées, et d'autre part le "planning" au niveau de la politique et de la promotion de la recherche, pour lequel des méthodes "aim-oriented" sont plus appropriées.

Analysant certains aspects de l'informatique, on a établi une typologie des systèmes d'information adaptées au "planning" de la recherche. L'accent est mis sur la nécessité de la compatibilité entre les différents systèmes d'information, cette compatibilité étant primordiale pour une bonne mise en réseau de ces systèmes constituant la base d'information. La justification intrinsèque du "planning" est uniquement de préparer les décisions. La théorie des décisions en montre non seulement les différents types mais aussi les différentes phases du processus de décision. La mise à disposition des informations et des méthodes d'évaluation constituent les bases essentielles de ce processus et par là, du "planning" de la recherche. Des conclusions sont tirées pour les deux types de "planning", soit pour le "path-oriented" et le "aim-oriented".

Inhaltsübersicht

		Seite
	Zusammenfassung, Summary, Résumé	III - V
	Inhaltsübersicht	VI
	Verzeichnis der Abbildungen	VIII
0.	Einleitung	1
1.	Wissenschaftstheoretische Überlegungen	3
1.1	Systeme	14
1.2	Planung	19
1.3	Forschungsplanung	23
2.	Informationswissenschaftliche Überlegungen	32
2.1	Informationssystem und Dokumentationsprozeß	35
2.2	Typen von Informationssystemen	39
2.3	Komplexe und integrierte Informationssysteme	48
2.4	Informationssysteme als Entscheidungsgrundlage (Management-Informationssysteme)	52
3.	Entscheidungstheoretische Überlegungen	59
3.1	Arten von Entscheidungen	59
3.2	Der Ablauf des Entscheidungsprozesses	66
3.3	Entscheidungsebenen und Informationsebenen	80
3.4	Forschungsplanung und Entscheidungsprozeß	84
4.	Forschung als Informationsprozeß	86
4.1	Informationsprobleme der wegorientierten Forschungsplanung	87
4.11	Forschung als Arbeitsprozeß	89
4.12	Probleme der Kommunikation	93
4.13	Konsequenzen für eine wegorientierte Forschungsplanung	95

		Seite
4.2	Informationsprobleme der zielorientierten Forschungsplanung	98
4.21	Forschungsplanung durch Informations-Verbund	101
4.22	Probleme der Bewertung von Projekten	111
4.23	Konsequenzen für eine zielorientierte Forschungsplanung	115
5.	Schlußbemerkung	123
	Literaturverzeichnis	125
	Register	144

Verzeichnis der Abbildungen

		Seite
Abb. 1	Darstellung einer Wissenschaft	4
Abb. 2a	Parmenideische-statische Wissenschaftsbetrachtung	6
Abb. 2b	Heraklitische-dynamische Wissenschaftsbetrachtung	7
Abb. 3	Wissenschaftstheoretische Grundlagen der Kybernetik	9
Abb. 4	Systemtypen	15
Abb. 5	Zusammenhänge zwischen Systemen, Prozessen und Planung	17
Abb. 6	Forschung - Planungsmöglichkeiten	29
Abb. 7	Schritte beim Entwurf eines Informationssystems	36
Abb. 8	Stufen des Dokumentationsprozesses in einem Informationssystem	37
Abb. 9	Struktur eines komplexen Informationssystems mit verschiedenen Typen von Informationssystemen	50
Abb. 10	Integriertes Informationssystem mit Subsystemen	51
Abb. 11	Management- oder Entscheidungspyramide	54
Abb. 12	Entscheidungs-Matrix	62
Abb. 13	Der Entscheidungsprozeß	67
Abb. 14	Entscheidungsebenen - Informationsebenen	82
Abb. 15	Planung, Entscheidung, Information	84
Abb. 16	Kreislauf von Informationen	88
Abb. 17	Vom allgemeinen zum speziellen Informationssystem	105
Abb. 18	Stufen bei der Realisierung eines Informationssystems	107

Einleitung

Informationsprobleme, die bei der Planung von Forschung auftreten, können nicht isoliert betrachtet werden. Zunächst sind die Möglichkeiten zu untersuchen, die sich für eine Forschungsplanung überhaupt ergeben. Dies wiederum ist nur sinnvoll vor dem Hintergrund wissenschaftstheoretischer Überlegungen, die eine Standortsbestimmung erlauben sowohl dessen, was unter Planung in bezug auf die Forschung verstanden werden kann, als auch der wissenschaftlichen Disziplinen, die bei einer Forschungsplanung relevant werden. Insofern wissenschaftliche Betrachtungsweisen auf die Forschung als wesentlichstem Bestandteil jeder Wissenschaft, gewissermaßen also auf sich selbst angewendet werden, wird mit Untersuchungen zur Forschungsplanung ein Beitrag zur "Forschung über Forschung" geleistet.

Forschungsplanung als Informationsproblem zu betrachten, erfordert jedoch auch Überlegungen darüber, wie das Instrumentarium der Informations- und Dokumentationswissenschaften sich in die Forschungstätigkeit eingliedern läßt. Unter solchem Aspekt kann der Forschungsprozeß als eine Kette von Informationsprozessen aufgefaßt werden, in denen die verschiedensten Typen von Informationssystemen und Dokumentationsmethoden auftreten. Konsequenz jeder Planung ist schließlich die Notwendigkeit zu treffender Entscheidungen, die auf mehreren Ebenen mit unterschiedlicher Kompetenz gefällt werden müssen. Auch in der Forschung benötigt jeder Entscheidungsträger aber wiederum Informationen, die, wenn auch verschieden aufbereitet, einer gemeinsamen Informationsbasis entnommen werden.

Für die Forschungsplanung selbst ergeben sich zwei Aspekte: Einmal die Planung der Durchführung einzelner

Forschungsvorhaben, für die Methoden der wegorientierten Planung in Frage kommen. Zum anderen Aufgaben der Planung im Rahmen von Forschungsmanagement und Forschungspolitik, für die Methoden der zielorientierten Planung geeigneter erscheinen. Beide Methoden erfordern ebenfalls Informationsprozesse, wenn auch mit unterschiedlichen Akzenten.

1. Wissenschaftstheoretische Überlegungen

Die Schnellebigkeit unserer Zeit, gekennzeichnet durch sich fast überstürzende Entwicklungen auf allen Gebieten, und der damit verbundene rasche Umschlag des Wissens hat dazu geführt, daß sich auch in der Wissenschaftsbetrachtung als solcher ein Wandel von einer statischen Auffassung in der Vergangenheit zu einer mehr dynamischen in der Gegenwart vollzogen hat. Als eine Wissenschaft wird dabei nach MASER "ein widerspruchsfreies System von Begriffen, Sätzen und Regeln betrachtet, in dem aus möglichst wenigen, zu explizierenden, voneinander unabhängigen Grundbegriffen sämtliche übrigen Begriffe allein durch explizite anzugebende Definitionsregeln eingeführt werden und in dem aus möglichst wenigen, formal einfachen, voneinander unabhängigen Axiomen alle Theoreme allein durch explizite anzugebende Ableitungsregeln deduziert werden". (Lit. 67) Diese durch Abb. 1 erläuterte Definition scheint sehr abstrakt. Sie hat jedoch den Vorteil, daß sich auf sie das Wissenschaftsverständnis von den verschiedensten Gesichtspunkten her zurückführen läßt. Dies trifft gleichermaßen zu beispielsweise für die Ideenlehre PLATOs, wie auch für die Wissenschaftsauffassung KANTs als 'ein nach Prinzipien geordnetes Ganzes von Aussagen, welches der Erkenntnis dienen soll', das er als "architektonische Einheit" bezeichnet, oder für eine Phänomenologie etwa im GOETHE'schen Sinne, wie auch für die vorwiegend naturwissenschaftlich geprägten modernen Wissenschaftstheorien. Zudem kann eine solche abstrakte Definition als gemeinsame Grundlage sowohl für Naturwissenschaft als auch Geisteswissenschaft im weitesten und eigentlichen Sinne dienen, wenn nur mit der notwendigen Unvoreingenommenheit an diese Grundlage herangegangen wird.

Darstellung einer Wissenschaft

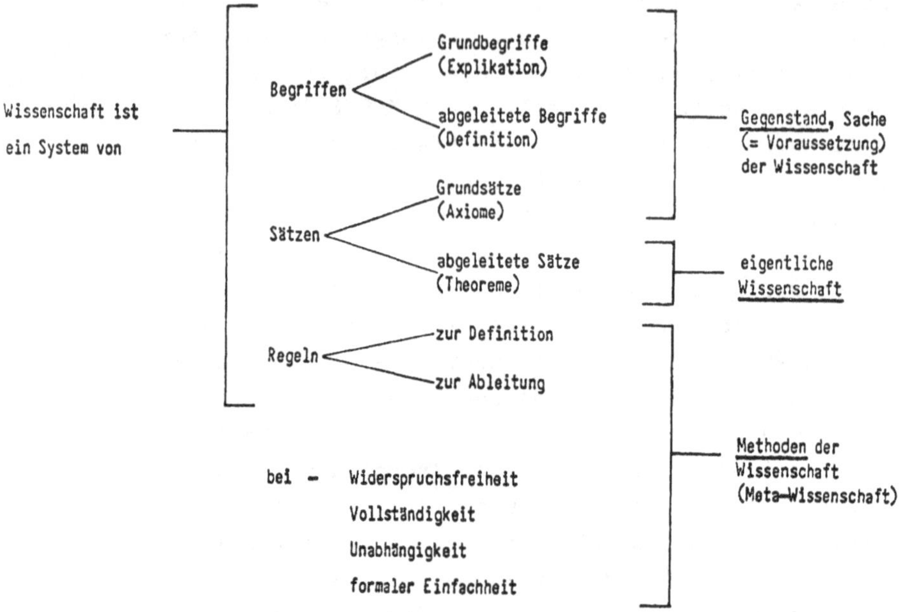

Abb. 1

Aus den jeweils möglichen Antworten auf die Fragen: Was ist?, Wie ist dasjenige, was ist, erkennbar? und Wie kann das Erkannte dargestellt werden?, den Grundfragen jeder Wissenschaft, kann die klassische, kategoriale Ontologie dreifach aufgespalten werden, woraus sich dementsprechend drei Typen von Wissenschaften ableiten lassen. Diese unterscheiden sich durch die verschiedenen Antworten auf die genannten Fragen wesentlich voneinander. Es sind dies:

Formalwissenschaften; sie beziehen sich auf das formale, allgemeine Sein und werden mittels des abgeleiteten Beweises deduktiv als widerspruchsfreie Axiomsysteme erkannt.

Realwissenschaften; sie beziehen sich auf das spezielle physische Sein und werden mittels Meßverfahren im Experiment induktiv als Gesetzmäßigkeiten der realen Wirklichkeit erkannt.

Interpretierende Wissenschaften; sie beziehen sich auf das ideale, geistige Sein und werden durch Konvention und Zustimmung als Anschauung oder Überzeugung erkannt.

Die unterschiedlichen Kriterien zur Abgrenzung dieser drei Wissenschaftstypen sind in Abb. 2a zusammengestellt.Diesen klassischen Wissenschaften stellt man heute die sogenannten transklassischen (Lit. 30) gegenüber, indem der dynamische, prozessuale Aspekt des Werdens und der Funktion gegenüber dem statischen des Seins der klassischen Wissenschaftstypen hervorgehoben und eine kybernetische Betrachtungsweise als das entscheidende Kriterium für eine neue Abgrenzung der Typen angesehen wird. Die Ordnung der klassischen Wissenschaften läßt sich dabei in eine analoge Ordnung der transklassischen Wissenschaften überführen (Abb. 2b),

Abb. 2a

Parmenideische-
statische Wissenschaftsbetrachtung

Wissenschafts-typen der kate-gorialen Ontologie	Was ist ? Gegenstand:	Wie ist das,was ist,erkennbar ?		Wie wird das Erkannte dargestellt ?		Gültigkeit
	Seinsweise des	durch logische Prinzipien der	zum Wahrheitsnachweis durch	durch Definitionen der	zur Wahrheit als	
Realwissenschaften (Erfahrungswissen-schaften) empirisch angewandt	realen (speziellen) Seins	Induktion	Experiment (Verifikation)	Realdefinition (Meßverfahren)	Wirklichkeit (absoluter Wahr-heitsbegriff) (adaequatio rei et intellectus)	allgemein
Formalwissen-schaften theoretisch beweisend 'reine W.'	formalen (allgemeinen) Seins	Deduktion	Beweis durch Ableitung	implizite Definitionen	Widerspruchs-freiheit (relativer Wahr-heitsbegriff)	allgemein
Interpretierende Wissenschaften intuitiv metaphysisch (dogmatisch)	idealen (höchsten) Seins	Spekulation	Zustimmung (Intuition) (Wert- und Ver-haltenslehre)	Nominaldefinitionen (Konvention)	Überzeugung (subjektive Wahrheit) (dogmatische, ge-setzte Wahrheit)	singulär

Abb. 2b Heraklitische-
dynamische Wissenschaftsbetrachtung

Wissenschaftstypen der prozessualen Ontologie*	Was ist? Gegenstand:	Wie ist das, was ist, erkennbar ?		Wie wird das Erkannte dargestellt?		Gültigkeit
	Funktionsweise von	durch Informationsverarbeitung in	in Modellen zur Problemlösung aufgrund der	durch semiotische Methoden der	als Erkenntnis	
Kybernetische Realwissenschaften	Systemen realer Signale	Rückkoppelung Steuerung (Adaption)	Regelungstheorie	Semantik (Relation) (Superisation)	unreflektiert Sein (Ereignis in einem Prozeß) ES	objektiv
Kybernetische Formalwissenschaften	Systemen formaler (toter, speicherbarer) Signale (= Zeichen)	Modierung (Wahrscheinlichkeit)	Informationstheorie	Syntaktik (Adjunktion)	reflektiert Bewußtsein DU	objektiv
Kybernetische interpretierende Wissenschaften	wertsetzenden Funktionen	"schwarzer Kasten" (Lernen)	Kommunikationstheorie	Pragmatik (Iteration) (Interpretation)	doppelt reflektiert Selbstbewußtsein ICH	subjektiv

* (Lit. 8)

wobei den starren, statischen Attributen einer PARMENIDEischen Wissenschaftsbetrachtung entsprechende, aber offene, dynamische Attribute einer HERAKLITischen Wissenschaftsbetrachtung gegenüberstehen, z.B.:

- dem strengen Kausalprinzip determinierter Abläufe die Wahrscheinlichkeit probabilistischer Prozesse,

- der Verifikation durch das Experiment das Prinzip der Adaption durch Regelung und

- der intuitiven Zustimmung bei der Spekulation die zum Lernen führende Kommunikation bei doppelter Reflexion.

Darüber hinaus rückt die Veränderung des Gegenstandes der Wissenschaft von der Seinsweise dessen, worüber Wissen möglich ist, der klassischen Wissenschaftsbetrachtung, zur Funktionsweise von Seiendem der modernen Auffassung auch die Bedeutung der Information und deren Verarbeitung in den Vordergrund, die für eine kybernetische Betrachtungsweise unabdingbar ist.

Durch eine explizite Darstellung einzelner Wissenschaften nach dem in Abb. 1 gegebenen Schema und deren Zuordnung zu den verschiedenen Typen der klassischen, statischen Wissenschaftsbetrachtung (Abb. 2a) kann auch der Zusammenhang zwischen den einzelnen Wissenschaftsdisziplinen unmittelbar deutlich werden. Daraus läßt sich eine Hierarchie der klassischen Wissenschaften entwickeln (Abb. 3 nach Lit. 67). Dabei setzen die 'äußeren' Wissenschaften jeweils die 'inneren' voraus, beziehungsweise schließen diese - im Sinne Eulerscher Kreise - ein, wobei der Kern, die Ontologie, prinzipiell nicht axiomatisch darstellbar ist. Einer solchen Hierarchie der klassischen Wissenschaften läßt

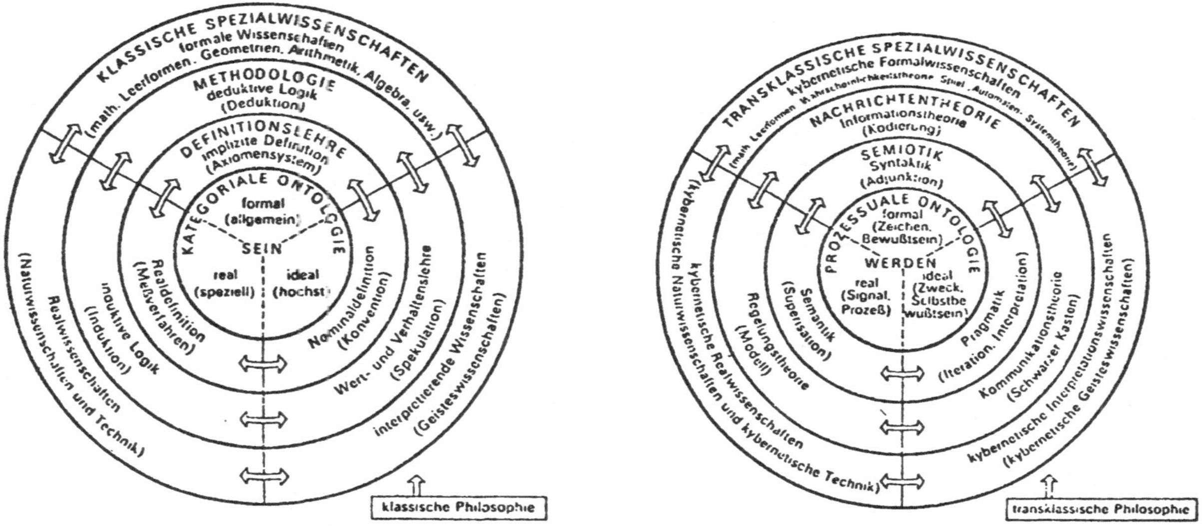

Wissenschaftstheoretische Grundlagen der Kybernetik.

Abb. 3

sich in völliger Analogie eine Hierarchie der transklassischen Wissenschaften gegenüberstellen (Abb. 3), wobei sich der Übergang von der statischen zur dynamischen Auffassung in jedem einzelnen Teilbereich vollzieht und nachweisen läßt. Diese Transformation vollzieht sich wesentlich durch die Einführung kybernetischer Betrachtungsweisen.

Die vielfältigen, verschiedenen modernen Auslegungen des Begriffs Kybernetik (Lit. 6, 10, 20, 21, 30, 67) sollen hier nicht erörtert werden. PLATO verbindet Kybernetik einerseits mit dem Problem der Lenkbarkeit, der Lenkung eines Schiffes, eines Wagens, aber auch der Lenkung von Menschen, andererseits mit dem Begriff der Kunst der Steuerung (Lit. 88). Deshalb sollte 'Kybernetik' im Sinne des griechischen κυβερνητική als Steuermanns k u n s t verstanden werden, womit betont wird, daß durch die Kunst des Steuermanns, das heißt durch dessen geistige Tätigkeit, die verschiedenen von außen gegebenen Elemente der Navigation, wie Sonnenhöhe oder Sternenstellung, Windrichtung etc. als Information zur Kenntnis genommen, ausgewertet und sinnvoll auf die konstruierten, d.h. intellektuell geplanten Steuerungsvorrichtungen des Schiffes übertragen werden, um auf dem notwendigen Kurs das willentlich angestrebte, also frei gewählte Ziel zu erreichen. Dies bedeutet aber, daß in der Kybernetik auch beim Einsatz modernster technischer Hilfsmittel die menschliche Intelligenz und die Freiheit der Wahl wesentlichste Bestandteile des zu steuernden Prozesses sind. Diese Auffassung soll Thesen entgegenwirken, nach denen z. B. Kybernetik mit einer Technik gleichgesetzt wird, durch deren Theorie 'das Operationale und Modellhafte des vorstellend-rechnenden Denkens zur Herrschaft gelangt' (Lit. 35).

C.F. v. WEIZSÄCKER rechnet die Kybernetik zu den Strukturwissenschaften, also den Wissenschaften, die Strukturen in abstracto untersuchen, unabhängig davon, welche Dinge diese Strukturen aufweisen, ja unabhängig sogar davon, ob es überhaupt solche Dinge gibt. Neben der reinen und angewandten Mathematik als deren klassische Hauptvertreter werden zu diesen Strukturwissenschaften außer der Kybernetik besonders die Systemanalyse, die Informationstheorie und die Spieltheorie gezählt. "Sie sind gleichsam die Mathematik zeitlicher Vorgänge, die durch menschliche Entscheidung, durch Planung, durch Strukturen, die sich darstellen lassen, als seien sie geplant, oder schließlich durch Zufall gesteuert werden. Sie sind also Strukturtheorien zeitlicher Veränderungen. Ihr wichtigstes praktisches Hilfsmittel ist der Computer, dessen Theorie selbst eine der Strukturwissenschaften ist" (Lit. 113).

Diese Strukturwissenschaften sind demzufolge gleichzusetzen mit den transklassischen Spezialwissenschaften oder anders ausgedrückt, den kybernetischen Formalwissenschaften (vgl. Abb. 3). Wie die Kybernetik treten diese Wissenschaften dabei in zweifacher Weise auf: Einmal jeweils als eigenständige Strukturwissenschaft, als formale, transklassische Spezialwissenschaft, deren wissenschaftstheoretische Rechtfertigung in der Problematik ihrer expliziten Darstellung nach der oben gegebenen Definition besteht, zum zweiten, und dies trifft besonders für die Kybernetik selbst als Strukturwissenschaft zu, als Betrachtungsweise im Bereich der Real- wie der Geisteswissenschaften.

Der einer solchen Betrachtungsweise zugrundeliegende Bewußtseinswandel birgt jedoch die Gefahr in sich, die Wirklichkeit des Seins mit machbarer, planbarer Struktur zu verwechseln und gibt der Planbarkeit eine Macht, deren Folge u.a. die Inhumanität der heutigen Technokratie ist (Lit. 96). Deshalb muß es "eine der wichtigsten Anstrengungen in der Bewußtseinsbildung sein, dem Blick für Strukturen den Blick für Wirklichkeit komplementär gegenüberzustellen" (Lit. 115).

Verstärkt wird die Gefahr falsch verstandener Planung durch die Trends unserer Zeit zur Quantifizierung, der Überbetonung des Meßbaren und des Denkens in Modellen, bei denen nur zu häufig der Zusammenhang mit der Wirklichkeit verloren geht. Denn "die Wissenschaft des technischen Zeitalters beruht auf der methodischen Isolierung einzelner Ketten von Phänomenen. Das Geflecht der Interdependenzen wird zerschnitten, die störenden Faktoren werden ausgeblendet, um experimentelle Bedingungen herzustellen, die eine methodische und technische Beherrschung bestimmter Vorgänge erlauben. Was im Ansatz des Verfahrens ausgeblendet wurde, kann nicht nachträglich wieder eingeführt werden. Die Blindheit gegenüber den Sekundäreffekten ist deshalb geradezu das Prinzip der Wissenschaft, die unsere Welt gestaltet" (Lit. 86). Besonders anfällig in dieser Hinsicht sind Disziplinen, die in dem Überschneidungsbereich zwischen Realwissenschaften und interpretierenden Wissenschaften liegen, wie beispielsweise Psychologie und Soziologie, wo zudem noch die Möglichkeit einer Ideologisierung gegeben ist, die bei den interpretierenden Wissenschaften naturgemäß erfolgreicher und wirkungsvoller betrieben werden kann als vergleichsweise bei den Real- bzw. den Spezialwissenschaften.

Nach LOHMAR liegt aber gerade in diesem Überschneidungsbereich und dem interdisziplinären Zusammenhang von Naturwissenschaften einerseits und Sozialwissenschaften, die er betont von den Geisteswissenschaften gelöst betrachtet wissen möchte, andererseits "das eigentliche wissenschaftliche Zentrum für die Begegnung von Politik und Wissenschaft" (Lit. 59). Sozial- und Naturwissenschaften zusammen werden dabei als sogen. Handlungswissenschaften bezeichnet, die insoweit eine "Ganzheit" darstellen (Lit. 95), "als beider Problemstellung und Resultate in und mit der gesellschaftlichen Praxis zusammentreffen". Auch HEISENBERG weist darauf hin, daß gerade an der Nahtstelle zwischen Geisteswissenschaften einerseits und Naturwissenschaften und Technik andererseits die wichtigsten Veränderungen geschehen, was sich z.B. darin ausdrücke, daß naturwissenschaftliche Denkmethoden auf politische Fragen angewandt würden (Lit. 36).

Unter andauernder Berücksichtigung der aufgezeigten Gefahren einer blinden Wissenschaftsgläubigkeit (Lit. 37, 110) kann aber gerade eine einheitliche kybernetische Wissenschaftsbetrachtung dazu beitragen, die Gegensätze zwischen den klassischen Naturwissenschaften und den klassischen Geisteswissenschaften zu überbrücken und abzubauen, eine Notwendigkeit, die heute angesichts der Umweltzerstörung durch einseitige, technokratische Verwissenschaftlichung des menschlichen Daseins besonders geboten erscheint. Funktionale Aspekte und die Untersuchung der gegenseitigen Abhängigkeiten von Prozessen sind dabei geeignet, die Verflechtung zwischen den menschlich-sozialen Gegebenheiten und dem naturwissenschaftlich-technisch Machbarem, sowie die Wirkungen des letzten auf das erste deutlich werden zu lassen. Eine auf solchen Erkenntnissen basierende Prognose und wohlverstandene Planung erlaubt die Erarbeitung gültigerer Kriterien als bisher für eine Staatsführung, Gesetzgebung und

Gesellschaftspolitik, in der Wissenschaftler und Politiker gleichermaßen Verantwortung zu tragen haben.

1.1 Systeme

Ein wesentliches Merkmal der Kybernetik ist die Rückkoppelung durch Informationen in einem gegebenen System. Dabei kommt für die Wissenschaftsbetrachtung und die damit verknüpfte Forschung den lernenden, dynamischen Systemen eine größere Bedeutung zu als den rein adaptiven oder gar den starren Systemen. Unter einem starren System versteht man in diesem Zusammenhang ein solches, das bei der wiederholten Ausführung eines einmal gegebenen Befehls bei inzwischen veränderter Umwelt keiner Reaktion fähig und demzufolge nicht flexibel ist. Adaptive Systeme passen sich Datenveränderungen oder Impulsen in vorgegebenen Toleranzgrenzen selbständig an, kehren aber nach Wegfall des auslösenden Impulses in ihre Ausgangssituation zurück. In lernenden Systemen wird dagegen nach einer hinreichenden Anzahl von umweltbedingten Abweichungen bei der wiederholten Ausführung eines Befehls dieser Befehl und damit das in den Systemelementen festgelegte Verhalten geändert (vgl. Abb. 4). Lernende Systeme zeigen daher durch ihre mindestens zweifachen Regelkreise am deutlichsten die Funktion der Information und die prozessualen Zusammenhänge im System.

Unter System kann dabei ganz allgemein verstanden werden "eine Menge von Elementen, innerhalb derer die Elemente und ihre Attribute derart miteinander verbunden sind, daß die Menge von Elementen als Ganzes gegenüber ihrer Umwelt abgrenzbar ist" (Lit. 116).

Systemtypen

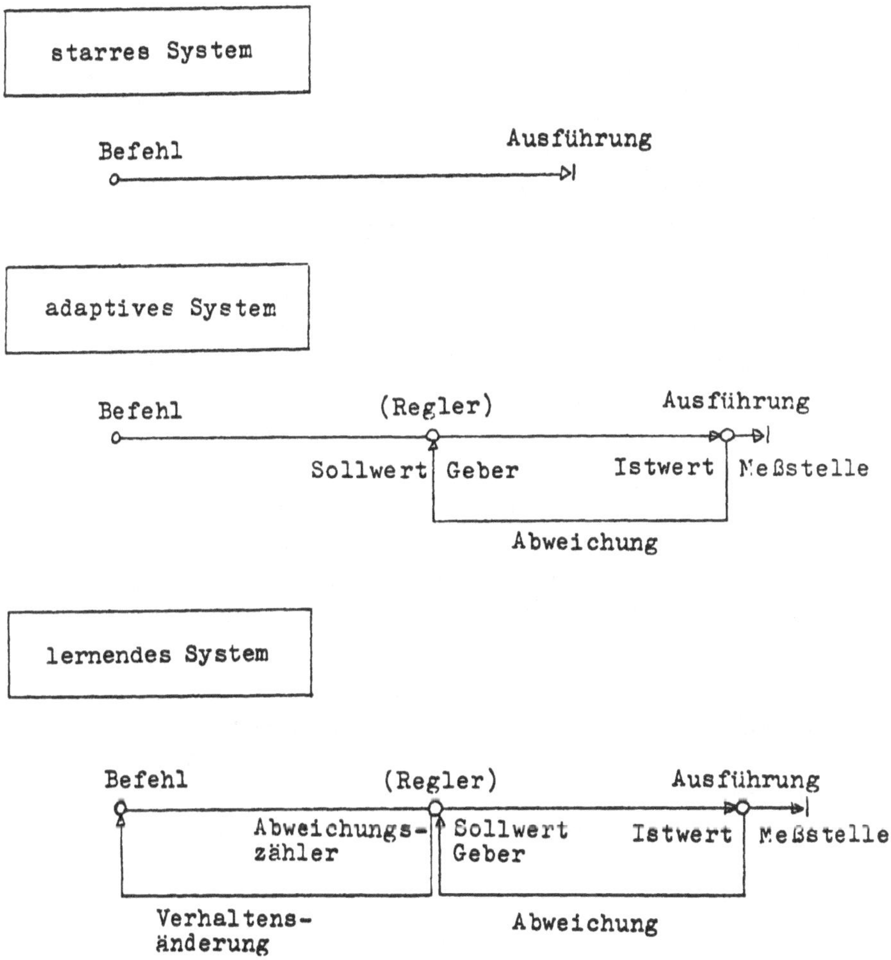

Abb. 4

Mit dieser Definition, die sich an die allgemeine Systemtheorie anlehnt, und die auch eine prozessuale Verbindung zwischen den Elementen einschließt, soll deutlich gemacht werden, daß der Systembegriff nur operationalen Charakter hat. Das heißt, "System" ist ein geistiges Produkt, das dazu dient, die Welt, wie sie dem Menschen begegnet, gedanklich zu strukturieren. Etwas ist nicht von vornherein ein System, sondern wird nur als solches betrachtet. Eine Kuh beispielsweise ist von sich aus kein System, aber sie kann von den verschiedensten Gesichtspunkten aus als ein solches betrachtet werden, etwa als Wärmeaustauschsystem, als Milchproduktionssystem, aber auch Teile von ihr etwa als Nervensystem, Knochensystem und ähnliches. Eine solche Betrachtungsweise erlaubt es jedoch umgekehrt, vorhandene Strukturen, gleich welcher Art, auf die ihnen zugrundeliegenden Elemente, deren Eigenschaften, deren mögliche Ordnungsformen und Relationen hin zu untersuchen und sie zum besseren Verständnis dieser Zusammenhänge auf ihren gedanklichen Ursprung zurückzuführen. Dies ist die besondere Aufgabe der Systemanalyse als eines der wichtigsten Hilfsmittel der Systemforschung.

Die Ergebnisse von Systemanalysen liefern Informationen, die ihrerseits als Grundlagen für die Planung und den Entwurf ähnlicher oder die Änderung und Weiterentwicklung gleicher Systeme dienen können. Dabei hängen die Analogien und damit die Übertragungsmöglichkeiten von der Art der betreffenden Systeme (6,7) ab, also ob es sich um einfache oder komplexe Systeme handelt und ob in diesen Systemen determinierte oder probabilistische Prozesse mit mehr oder weniger Freiheitsgraden auftreten. Systeme und Prozesse stehen dabei in einem engen Zusammenhang, aus dem auch die Planbarkeit von Systemen abgeleitet werden kann (Abb.5).

Abb. 5 Zusammenhänge zwischen Systemen, Prozessen und Planung

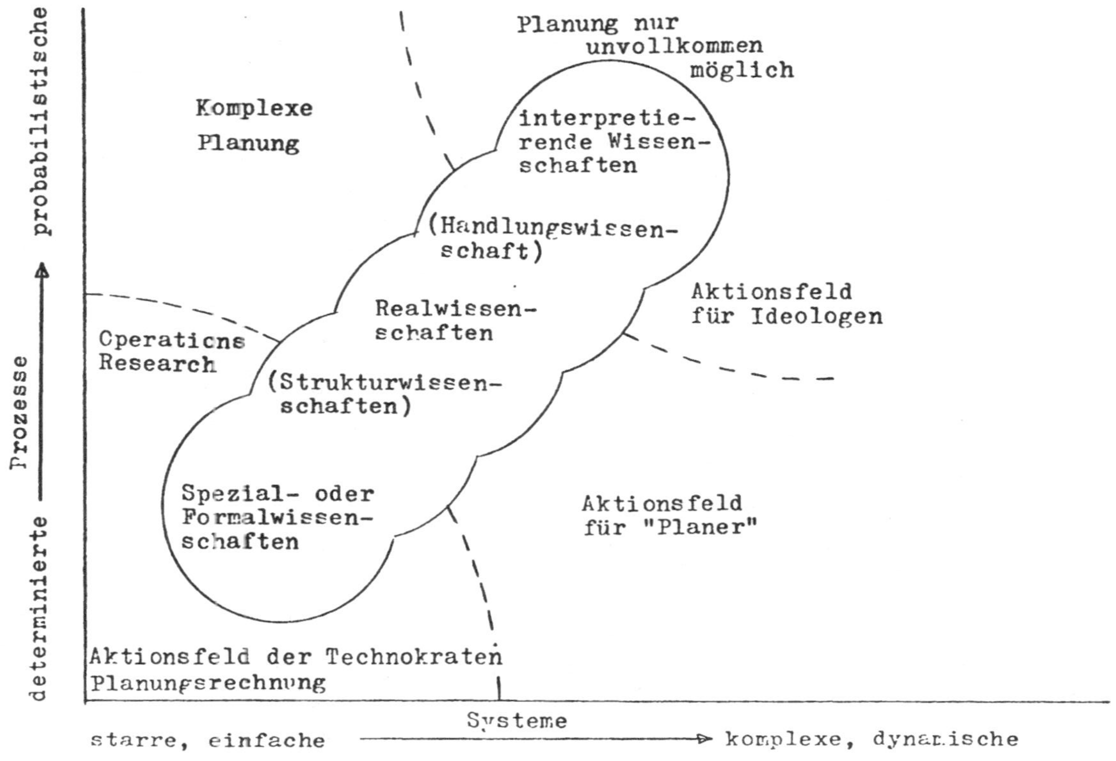

In diesen Zusammenhängen spiegelt sich auch die Einteilung der Wissenschaften und deren Verhältnis zueinander vom prozessualen Aspekt aus wieder.

Für starre oder auch nur einfache Systeme mit vornehmlich determinierten Prozessen kann demnach die Vorbereitung zukünftigen Handelns schon durch einfache Planungsrechnung erfolgen. Bei zunehmender Kompliziertheit der Prozesse müssen bereits fortgeschrittenere Methoden des Operations Research angewendet werden. Bei einer vollständigen Datendetermination ist demzufolge Planung überflüssig, ja sinnlos. In diesem Bereich liegt das Aktionsfeld der Technokraten. Ihm entsprechen in der Typologie der Wissenschaften die Spezial- oder Formalwissenschaften mit der Maxime des widerspruchsfreien Axiomensystems.

Komplexe Systeme, in denen probabilistische, also wenigstens nach Wahrscheinlichkeiten vorhersagbare Prozesse ablaufen, sind das eigentliche Aktionsfeld für Planer, wobei Methoden der komplexen Planung dieses Feld beherrschen. Es ist "ein nahezu grenzenloses 'Feld der Hoffnung' und der Freiheit, weil hier die Möglichkeiten des Menschen zur rationalen Gestaltung der Welt nach den von ihm selbst entwickelten oder noch zu entwickelnden Wertmaßstäben liegen. In diesem Raum kann die Herrschaft 'naturgegebener' oder technischer und technokratischer Tendenzen überwunden werden" (Lit. 33). Dabei sollten die verwendeten Planungsstrategien ihrerseits nicht als verfestigte Detailvorstellungen aufgefaßt werden, sondern "als Drehbuch in einem offenen Spiel" (Lit. 46). Diesem Bereich entsprechen vorwiegend die Realwissenschaften, die sich jedoch auf der einen Seite auf den als Strukturwissenschaften apostrophierten Teil der Formalwissenschaften stützen, auf der anderen Seite durch den als Handlungswissenschaften bezeichneten Komplex bereits in die interpretierenden Wissenschaften hineinragen. Hier kann die kybernetische Betrachtungsweise mit ihrer Transformation des Seins zum Werden besonders wirksam sein.

In sehr komplexen und dynamischen Systemen mit nicht oder kaum vorhersagbaren Prozessen ist eine Planung nur unvollkommen möglich. Hier öffnet sich das Aktionsfeld für Ideologen mit der Tendenz zur Verwirklichung 'rigoristischer Modelle'. Dieser Bereich ist besonders für die interpretierenden Wissenschaften relevant. Auch dabei spielt die kybernetische Betrachtungsweise eine zunehmende Rolle. Sie sollte jedoch überlagert werden durch eine zusätzliche, von der Vernunft als der eigentlichen 'ratio' ausgehenden Steuerung, weil gerade in diesem Bereich die Gefahr der Inhumanität als Folge falsch verstandener Planbarkeit besonders groß ist (Lit. 107).

1.2 Planung

Das Wort Planung wird im allgemeinen Sprachgebrauch unterschiedlich verwendet (Lit. 31). Einmal bezeichnet es die Organisation eines nach strenger Kausalität aufgebauten Systems determinierter Prozesse, wie es z.B. auch in zentral geleiteten Wirtschafts- und Staatsformen zu realisieren versucht wird und sich dort in Ausdrücken wie Planwirtschaft, Plansoll etc. niederschlägt. Eine solche Planung bei vollständiger Datendetermination wurde bereits vorn als überflüssig erkannt. Dazu kommt, daß eine ausschließliche Assoziation von Planung mit der Idee eines vollständigen Determinismus nicht haltbar ist. "Weder die fortlaufende Determiniertheit eines Rationalitätsbereiches, noch die vollständige Information über eine solche Determiniertheit stellen Vorbedingungen rationaler Strategie oder Planung dar" (Lit. 34). Auch schon bei einer zu straffen Institutionalisierung der Planungsfunktion, wie sie etwa in der 'Planifikation' französischen Musters vorliegt, werden die Schwächen einer rein technokratischen Planung deutlich. Sie liegen darin, daß eine solche allein auf optimale technische Effektivität gerichtet ist, Sachzwänge zu sehr betont und deshalb nicht flexibel genug bleibt (Lit. 90).

Zum anderen versteht man unter Planung die "planvolle", d.h. auf eine Ganzheit gerichtete (Lit. 60, 99), regelnde Koordination verschiedener Elemente und bezieht sie in kybernetischem Sinne auf Systeme probabilistischer Prozesse, in denen statistische Kausalitäten wirksam sind (Lit. 6). Mit dem Bezug auf Systeme probabilistischer Prozesse ist gleichzeitig angedeutet, daß das zu Planende gemäß der hier zugrunde gelegten Erläuterungen zum Begriff 'System' unter bestimmten, möglicherweise mehreren, verschiedenen, auch alternativen Gesichtswinkeln betrachtet werden kann. Ausgangspunkt für jede solche Planung muß deshalb die Analyse funktionaler Zusammenhänge sein und nicht etwa nur die Analyse von Ereignisfolgen in begrenzten Zuständigkeitsbereichen (Lit. 108). Voraussetzung dazu ist jedoch, daß der Planungsträger mit der notwendigen Kompetenz ausgestattet wird.

Eine so verstandene Planung kann man auch als einen Entwurf auffassen, in dem ein Zustand in der Zukunft gleichsam in einem Modell vorweggenommen wird mit dem Ziel, diesen Zustand in möglichst geordneter und systematischer Weise zu erreichen (Lit. 69). Ein Plan richtet sich demzufolge immer auf ein Zukünftiges und begibt sich damit in die Nachbarschaft von Prognose oder sogar Utopie (Lit. 85). Prognosen als eine Art "Ist-Aufnahme von Zukünftigem" (Lit. 26) sind jedoch ihrerseits Grundbestandteil jeder Planung. Prognosen in diesem Zusammenhang sind Aussagen über zukünftige Entwicklungen und Sachverhalte, gewonnen aus vergangenen und gegenwärtigen Entwicklungen und Sachverhalten, wobei jedoch in der Regel mit Hilfe mathematisch-statistischer Methoden erarbeitete Extrapolationen von Trends verstanden werden, also der Teil der Zukunftsprojektion, der sich quantifizieren läßt. Durch eine solche Beschränkung auf das Quantitative reduziert sich die Prognose auf nur einen Aspekt der Vorhersage. Die Grenzen einer mit solchen Methoden praktizierten Prognose müssen bei jeder Planung sorgfältig beachtet werden, da auch hier die Gefahr einer Überbetonung der durch die Strukturwissenschaften mit ihrem modellhaften Charakter gewonnenen Erkenntnisse gegenüber den realen Gegebenheiten der Wirklichkeit besteht. Nur unter strenger Berücksichtigung der vorn erläuterten komplexen Interdependenzen könnte man die "Planung als den ersten Schritt zur Verwirklichung von Utopien bezeichnen". Bescheidener, dafür aber treffend und realistisch nennt LUTZ als Aufgabe der Planung "den Versuch, durch gedankliche Antizipation der Zukunft die Dauerhaftigkeit gegenwärtiger Entscheidungen zu sichern" (Lit. 65).

Basis für jede Planung ist neben der Definition von Zielvorstellungen, also dessen, was erreicht werden soll, eine exakte Feststellung des Ist-Zustandes. Mittel dazu sind die Methoden der Systemanalyse, durch die die notwendigen Daten und Informationen bereitgestellt werden, auf deren Grundlage Wege vom Ist-Zustand zu dem durch die Zielprojektion fixierten Soll-Zustand gefunden und festgelegt werden können. Dabei wird im Rahmen der komplexen Planung je nach dem Schwerpunkt der zur Lösung anstehenden Probleme unterschieden zwischen

- zielorientierter Planung und
- wegorientierter Planung.

Eine zielorientierte Planung setzt den Schwerpunkt auf die Ganzheit des angestrebten Soll-Zustandes und vernachlässigt zunächst die zu dessen Realisierung notwendigen Einzelschritte. Sie ist demzufolge eine strategische Planung, in welcher der zieladäquate Einsatz der vorhandenen Mittel festgelegt wird, entsprechend einer Aussage von CLAUSEWITZ, nach der "Strategie eine Ökonomie der Kräfte ist" (Lit. 13). Als solche beinhaltet sie aber auch die Koordinierung der Einzelpläne, jedoch immer vom übergeordneten Gesichtspunkt des Ganzen aus.

Bei einer wegorientierten Planung liegt der Schwerpunkt auf den Einzelschritten, die zum Erreichen des gesteckten Zieles nacheinander durchlaufen werden müssen. Sie kann deshalb auch als taktische Planung bezeichnet werden, in der die Ordnung des Mitteleinsatzes erfolgt, indem sie - ohne zwar das Gesamtziel aus den Augen zu verlieren - die schrittweise Realisierung von Teilzielen anstrebt, aus deren jeweiligen Resultaten sich erst der weiter einzuschlagende Weg ergibt.

Auch die Planung darf nicht als einmaliger, statischer Vorgang aufgefaßt werden, sondern stellt einen Prozeß dar (Lit. 38), bei dem auf der Basis möglichst umfangreicher Informationen in jeder Phase Entscheidungen zu treffen sind, die durch dauernde Rückkoppelung nach der aufgezeigten kybernetischen Betrachtungsweise sowohl hinsichtlich des eingeschlagenen Weges als auch in bezug auf die Zielvorstellungen dauernd überprüft werden müssen. Somit ist die Planung, besonders komplexe Planung, eine, die Ausführung des Planes ständig begleitende, Kaskade von Informations- und Entscheidungsprozessen, die sich wechselseitig bedingen, und bei denen mit fortschreitender Annäherung an das Planungsziel der Informationsstand besser und damit die Voraussagen über einzelne Planungskomponenten, wie anzuwendende Methoden, Zeitbedarf, Kosten etc., sicherer werden.

1.3 Forschungsplanung

Forschung ist das Hauptfeld der wissenschaftlichen Betätigung und somit wesentlicher Bestandteil jeder Wissenschaft. Forschung und Planung sind zwei Begriffe, die auf den ersten Blick nicht viel miteinander zu tun haben, ja sich, wenigstens unter dem Aspekt der "Freiheit der Forschung", gegenseitig auszuschließen scheinen. Bei näherem Hinsehen erweist sich der Zusammenhang jedoch nicht als nur möglich, sondern von bestimmten Gesichtspunkten her als dringend notwendig. So ist moderne Forschung, besonders im naturwissenschaftlichen Bereich, aber keineswegs nur da (Lit. 70), so aufwendig geworden, daß die einzelnen Vorhaben in ihrer Durchführung sorgfältig geplant werden müssen, um mit den jeweils dafür zur Verfügung stehenden Mitteln ans Ziel zu kommen. Aber auch die trotz ständig wachsender Anteile in den öffentlichen Haushalten für die Forschungsfinanzierung letztlich beschränkt verfügbaren Mittel zwingen dazu, durch planvolles Setzen von Schwerpunkten der Forschung die Wissenschaftspolitik am gesellschaftlichen Bedarf zu orientieren (Lit. 24, 128), wobei die Prioritätsbestimmung selbstverständlich problembezogen und nicht etwa institutionsbezogen erfolgen muß. Denn "die Wissenschaft kann angesichts ihres exponentiellen Wachstums und der damit gegebenen unbegrenzten Möglichkeit zu forschen einerseits, der Begrenzung der öffentlichen Mittel und des wissenschaftlichen Arbeitskräftepotentials andererseits auf die Dauer nicht mehr der beliebigen, freien Selbstentfaltung überlassen bleiben" (Lit. 93).

Die Notwendigkeit solcher Planung wird besonders deutlich bei einer an Projekten orientierten Forschung, wie sie vornehmlich in der heutigen Großforschung auftritt. Dabei scheint jedoch eine spezielle Unterscheidung zwischen "Projektwissenschaften" und "eigentlichen Wissenschaften", insofern unter Projektwissenschaften nur Wissensgebiete verstanden werden, in denen vornehmlich Großforschung betrieben wird, wie beispielsweise Kernforschung, Raumforschung oder auch Molekularbiologie, Meeresforschung etc. (Lit. 32), insbesondere im Hinblick auf die oben diskutierte Wissenschaftseinteilung entbehrlich. Wesentlich scheint vielmehr zu sein, daß projektbezogene Forschung einen hohen Anteil an planerischer Tätigkeit erforderlich macht, die sich allerdings sowohl auf wegorientierte als auch auf zielorientierte Planung bezieht, - und diese Gemeinsamkeit könnte als gültiges Kriterium zur Ausgrenzung besonderer Projektwissenschaften benutzt werden - und daß in ihr Komponenten der verschiedensten Wissensbereiche relevant werden. An Projekten orientierte Wissenschaft ist nach RITTEL (Lit. 91) "deduktiv wie die Mathematik, indem sie aus axiomatischen Systemen Folgerungen ableitet und Modelle für Handlungstypen konstruiert"

(Aspekt der Spezial- bzw. Formalwissenschaften); "induktiv wie die Physik, indem sie empirische Befunde über Verhaltensweisen zu Hypothesen verarbeitet, die die Grundlagen für Theorien bilden; instrumentell wie das Ingenieurwesen, indem sie die Mittel und Methoden für die Anwendung in konkreten Situationen entwickelt" (Aspekt der Realwissenschaften); "pragmatisch, indem sie diese Anwendbarkeit ständig berücksichtigt und bei der Anwendung selbst beteiligt ist" (Aspekt der interpretierenden Wissenschaften).

Besonders durch den letzten Aspekt werden auch gesellschaftspolitische Forderungen bei der projektorientierten Forschung zum Tragen gebracht, womit der gesamte Komplex eher den Handlungswissenschaften im vorn beschriebenen Sinne zuzuordnen wäre. "Eine so verstandene Handlungswissenschaft kann keiner der bestehenden wissenschaftlichen Disziplinen allein zugerechnet werden, sondern umgreift jeweils mehrere Disziplinen; sie untersucht Zusammenhänge zwischen Forschung, Entwicklung und Realisierung und hebt insofern den begrifflichen Gegensatz von Theorie und Praxis auf" (Lit. 59). Planung als Handlungsvorbereitung sollte demzufolge selbstverständliche Voraussetzung für jedes Forschungsprojekt sein, um eine sachgemäße "Ordnung des Mitteleinsatzes" herbeiführen zu können.

Nicht nur die Großforschung, sondern auch Einzelprojekte z.B. an Universitätsinstituten, und diese keineswegs beschränkt auf naturwissenschaftliche Fächer, sind heute so aufwendig geworden, daß dadurch jeder Privatinitiative Grenzen gesetzt sind. Dazu kommt die Tatsache, daß die wichtigsten Staatsaufgaben nicht mehr ohne die Hilfe der Wissenschaft definiert und gelöst werden können. Eine öffentliche Forschungsfinanzierung oder auch nur -förderung ist aber, wie gezeigt, ebenfalls auf eine möglichst exakte Forschungsplanung angewiesen, und zwar sowohl um eine "Ökonomie der Kräfte" sicherzustellen, als auch um die für die öffentliche Hand unabdingbaren Kontrollen des Mitteleinsatzes durchführen zu können. Eine solche Planung muß notwendigerweise nach einer Gesamtkonzeption, also einer "Ganzheit" ausgerichtet sein, in der gesellschaftspolitische Zielvorstellungen eine dominierende Rolle spielen und zusätzliche Kriterien wie allgemeine volkswirtschaftliche Überlegungen, Kosten-Nutzen-Relationen und ähnliches berücksichtigt werden müssen (Lit. 106, 23). In der Bundesrepublik Deutschland wird als Aufgabe der staatlichen Forschungsplanung verstanden: Hilfsmittel zu sein, "sowohl für die Entscheidungsvorbereitung als auch später für die Durchführung, die planbaren Bereiche der Forschung zu erfassen, die Transparenz der Forschungsaktivitäten zu verbessern, die optimale Verwendung der verfügbaren Mittel zu sichern und dabei die erforderlichen Freiräume für autonome Forschungsgestaltung zu gewährleisten" (Lit. 126, 128). Umfangreiche Erfahrungen über staatlich gelenkte Forschungsförderung und die dabei verwendeten Planungsverfahren, die auch deren Probleme und Grenzen aufzeigen, liegen vor allem aus den USA vor, beziehen sich dabei besonders auf die großen wehrtechnischen Programme und die Raumfahrtentwicklung (vgl. z.B. Lit. 48, 9).

Aus den bisherigen Erörterungen geht hervor, daß Forschung von zwei gewissermaßen entgegengesetzten Ausgangspunkten her geplant werden kann: einmal vom einzelnen Forschungsvorhaben, um dieses zum Erfolg zu bringen, zum anderen vom Forschungsmanagement oder der Forschungspolitik her, um die Mittel, besonders aber öffentliche Mittel, verantwortlich, sinnvoll und kontrollierbar einsetzen zu können. Gemäß dieser beiden Ausgangspunkte wird es sich im ersten Falle um eine mehr wegorientierte, im zweiten Falle um eine mehr zielorientierte Planung handeln. In beiden Fällen werden Methoden der Systemforschung angewandt. Beide Planungen fußen auf Ausgangsdaten und Informationen und sind umso besser, je breiter und exakter diese Informationsbasis ist. Schließlich treten in beiden Planungen, wenn auch mit unterschiedlichen Akzenten, Entscheidungsprozesse auf, die wiederum von der Informationsbasis abhängen. Daraus wird deutlich, welche zentrale Bedeutung Informationsprobleme für die Forschungsplanung haben.

Da Forschungsziele im allgemeinen nicht streng determinierbar sind, kann sich eine Forschungsplanung sinnvoll nur im Rahmen der zweiten vorn erwähnten Definition von Planung, nämlich der auf eine Ganzheit gerichteten,regelnden Koordination verschiedener Elemente, bewegen. Je mehr sich eine Forschung von der Grundlagenforschung, das heißt einer überwiegend zweckfreien Forschung in Richtung auf eine zielgerichtete Zweckforschung bewegt, desto enger kann der Zusammenhang zwischen Forschung und Planung gestaltet werden, und zwar sowohl bei einer wegorientierten Planung einzelner Forschungsvorhaben, als auch bei einer mehr zielorientierten Planung im Forschungsmanagement. Forschung wird dabei als ein System betrachtet, in dem die Elemente Forschungspersonal, Forschungsgegenstand und Forschungsmittel miteinander verbunden sind (Lit.53).

Das Maß der Gebundenheit eines Forschungsvorhabens kann geradezu in Feinheitsgraden im Sinne der Statistik angegeben werden (Lit. 20). Bei immer geringer werdenden Freiheitsgraden geht die Forschung nahtlos in technische Entwicklung mit immer größerem Anteil an Planung über (Abb. 6). Aus der Abbildung ist ersichtlich, daß bei der Grundlagenforschung das höchste Maß an Freiheitsgraden angenommen werden muß und somit die Ungewißheit über den erwarteten Erfolg am größten und damit die Möglichkeiten einer detaillierten Planung am geringsten sind. Über die experimentelle Forschung hin zur angewandten Forschung wird die Unsicherheit geringer und die Wahrscheinlichkeit eines angestrebten Erfolges wächst dementsprechend. Dies leuchtet unmittelbar ein, denn sowohl bei der experimentellen, besonders aber bei der angewandten Forschung muß a priori schon eine mehr oder weniger konkrete Zielvorstellung vorhanden sein, auf die das betreffende Experiment ausgerichtet und angelegt ist. Die Wahrscheinlichkeit, daß die vorher festgelegte Zielbestimmung erreicht wäre, steigert sich bei der technologischen Entwicklung, die schon mit festen Parametern arbeiten kann, und gelangt in der industriellen Fertigung zu einem Grad an Sicherheit, der am Ende streng determinierte und demzufolge automatisierbare Prozesse der Massenproduktion erlaubt. Entsprechend wächst auch die Exaktheit, mit der eine Systemanalyse durchgeführt werden kann und damit die Möglichkeit genauer Planung (Lit. 75). An dem abgebildeten Schema läßt sich für ein Forschungsvorhaben oder eine Institution, je nach der Zugehörigkeit zu den verschiedenen angegebenen Bereichen, ablesen, welche Erwartungen in etwa an eine Systemanalyse geknüpft werden können und welche Möglichkeiten der Planung bestehen. Dabei sind in der gegebenen Darstellung die Abstände natürlich nicht als absolute Werte zu deuten, sondern es soll lediglich die Reihenfolge der verschiedenen Forschungsprozesse mit steigender Sicherheit der Prognose zum Ausdruck gebracht werden. Da moderne Forschung ein äußerst kompliziertes Gebilde ist, müssen Wege gefunden werden, die es gestatten, dieses Gebilde in Kom-

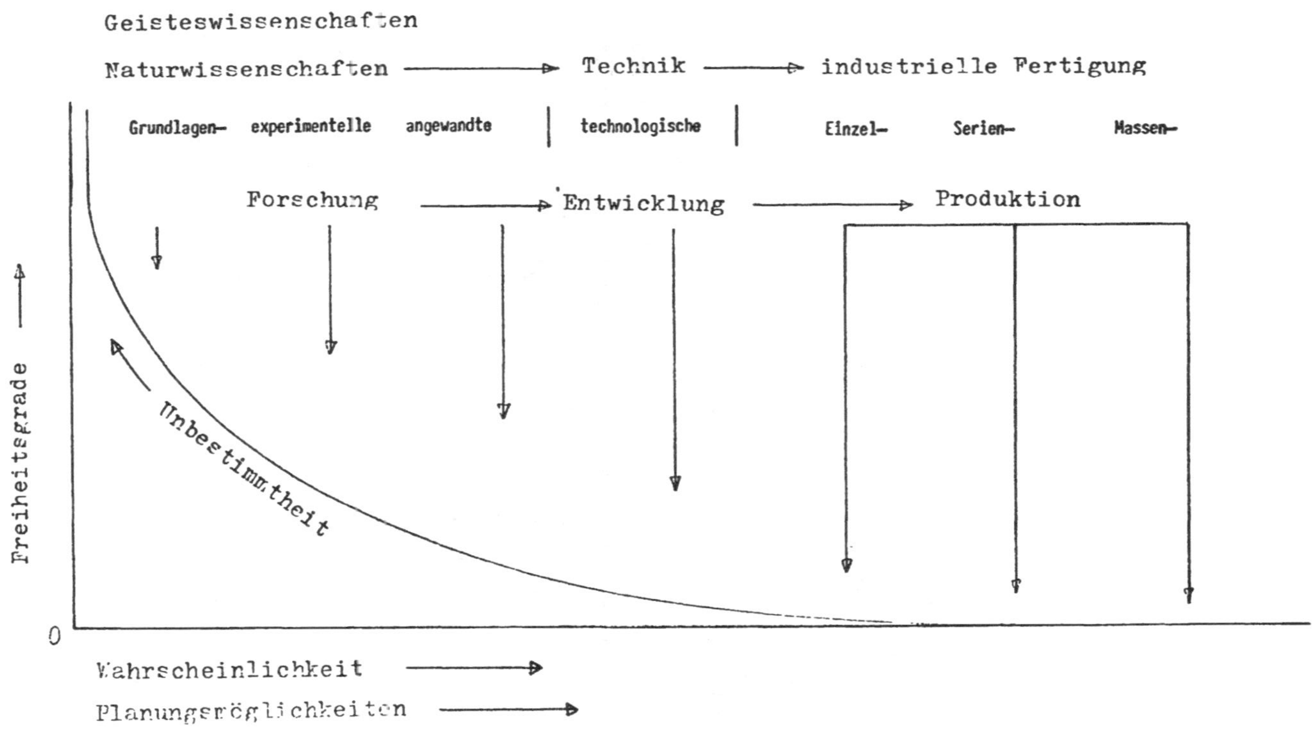
Geisteswissenschaften
Naturwissenschaften
Technik
industrielle Fertigung
Grundlagen-
experimentelle
angewandte
technologische
Einzel-
Serien-
Massen-
Forschung
Entwicklung
Produktion
Unbestimmtheit
Freiheitsgrade
0
Wahrscheinlichkeit
Planungsmöglichkeiten

Abb. 6

ponenten aufzuteilen, die für sich eine Systemanalyse und daraus folgend einer Planung zugänglich sind.

Unter diesem Gesichtswinkel kann Forschung jedweder Art als ein komplexes System probabilistischer Prozesse mit wechselnden Freiheitsgraden betrachtet werden, in dem die Elemente

- Wissenschaftler (oder allgemein Personal),
- Forschungsgegenstand (Objekt) oder Projekt,
- Forschungsmittel (Methode und Geräte) und
- Forschungsaufwand (Kosten)

in strukturellem Zusammenhang und gegenseitiger Wechselwirkung stehen. Eine auf diese Struktur bezogene Systemanalyse kann Grundlagen liefern sowohl für eine wegorientierte als auch eine zielorientierte Planung, d.h. wiederum, für die auf die Ganzheit bezogene sinnvoll regelnde Koordination der für das betreffende Vorhaben jeweils günstigsten Organisation und eines auch wirtschaftlich möglichst optimalen Zusammenwirkens der einzelnen Elemente. Für die mehr wegorientierte Planung eines bestimmten Forschungsvorhabens werden dabei andere Informationsprozesse relevant als für die mehr zielorientierte Planung im Rahmen eines Forschungsmanagements. Die für den Ablauf dieser Informationsprozesse notwendigen Daten sind in bezug auf die Forschung für beide Planungsmethoden weitgehend gleich und überdecken sich wenigstens zum Teil. Die Bedeutung der einzelnen Informationen als Plandaten, das soll heißen deren Akzente, sind in beiden Planungsvorhaben jedoch unterschiedlich. "Die Hauptschwierigkeit,unter der die Anwendung von Planungsmethoden (bei der Forschungsplanung) in der Praxis leidet, ist ... die Informationsbeschaffung. Für alle Entscheidungen und Entscheidungshilfen braucht man eine ganze Reihe von Informationen, die häufig nicht oder noch nicht verfügbar sind" (Lit. 126).

Planung und Entscheidung sind dabei als zwei verschiedene Komplexe im menschlichen Verhaltensbereich zu betrachten, womit deutlich gemacht werden soll, daß eine Planung keine Entscheidung ersetzt, sondern nur die Punkte fixiert und heraushebt, an denen Entscheidungen getroffen werden müssen. Für beide Tätigkeiten, sowohl Planung als auch Entscheidung, ist jedoch eine möglichst vollständige, gute und zeitgerechte Bereitstellung aller relevanten Informationen Voraussetzung, denn nur durch Intensivierung und Methodisierung des Informationsflusses bleiben Systeme so hoher Komplexität, wie sie in der Forschung vorliegen, beherrschbar.

Die Bewältigung der wachsenden Datenfülle, also die Bewältigung der Informationsprobleme muß auch in der Forschungsplanung als dynamisches Führungsmittel neben das bisher im Vordergrund stehende, mehr statische Führungsinstrument der Organisation treten. Das Problem der Informationsbeherrschung besteht dabei - bewußt simplifiziert - etwa darin, eine irgendwo gespeicherte Information in ein neues Bezugssystem bringen zu können, das es zum Zeitpunkt der Speicherung eben dieser Information noch nicht gab (Lit. 4). Damit ist aber der gesamte Bereich von Information und Dokumentation angesprochen und bedarf einer Erläuterung für den hier zur Diskussion stehenden Zusammenhang.

Informationswissenschaftliche Überlegungen

Die Diskussion über die wissenschaftlichen Grundlagen der Information und Dokumentation sind auch in der Bundesrepublik Deutschland noch nicht abgeschlossen (z.B. Lit. 54, 64, 100, 103, 117). Während durch eine klare Begriffsbestimmung von "information science" (z. B. Lit. 112) bzw. "informatique" im Westen und Информатика also "Informatik" in den östlichen Ländern (z. B. Lit. 81) ein genügend weites Feld für alle Bereiche des Informations- und Dokumentationswesens abgesteckt wurde, ist im bundesdeutschen Raum die Bezeichnung Informatik bedauerlicherweise so eingeführt, daß sie ihrem Inhalt nach auf den Bereich der anglo-amerikanischen "computer science" beschränkt ist. Dies hat unter anderem dazu geführt, daß in den meisten offiziellen Gremien, die sich in irgend einer Weise mit informationswissenschaftlichen Problemen befassen, ein Übergewicht an Computerfachleuten besteht und damit technische Aspekte in unangemessener Weise in den Vordergrund gerückt werden. Dies kommt beispielsweise bei einer auch heute noch gängigen Beschreibung der Aufgaben der Informationsforschung zum Ausdruck, indem es dort heißt: Die Informationsforschung "abstrahiert als mathematisches Kalkül von jeglichem inhaltlichen Kontext, von aller Semantik, Programmatik und damit auch von allem Wahrheitsinhalt. Sie erfaßt lediglich den statistischen Seltenheitswert einer Zeichen- bzw. Signalfolge und stellt so ein Maß für den 'Überraschungswert' einer Zeichenquelle dar. Sie operiert auf rein syntaktischer Ebene, kalkuliert die statistische Beziehung zwischen Zeichen und sollte deshalb treffender als Zeichen- bzw. Signaltheorie benannt werden" (Lit. 25). Diese Beschreibung orientiert sich am mathematischen Modell der klassischen Informationstheorie, von der inzwischen zwingend nachgewiesen wurde, daß sie nur für die Informationsübertragung, um nicht besser Übertragung von Zeichenfolgen zu sagen, nicht aber für die allgemeine Informationsverarbeitung, geschweige denn für die Informationsforschung, gilt (Lit. 1, 57) und die im übrigen von ihren Schöpfern (SHANNON und WEAVER, aber auch z.B. von N. WIENER) niemals anders verstanden wurde. Eine "puristische Informatik, wie sie von den Nachrichtentechnikern und Mathematikern befürwortet wird, ist im wesentlichen nur für die Herstellung von Computern geeignet; sie leistet nicht nur Vorschub für eine Softwaresklaverei, in die sich der Gebraucher hineinbegibt, sondern trägt auch zur Mit- und Umweltschädigung bei, indem suboptimal angelegte und nicht systemkonforme Strukturmosaike objektiviert werden" (Lit. 2). Damit ist sehr deutlich auch die Situation umrissen, die entsteht, wenn beim Entwurf von Informationssystemen einseitig von den Belangen der elektronischen Datenverarbeitungs- (EDV-) Anlagen ausgegangen wird und nicht von der ganzen Breite informationswissenschaftlicher Erkenntnisse.

Dabei wird nicht bestritten, daß die ständig steigende Fülle von Informationen, die verarbeitet werden müssen, nur noch unter dem Einsatz modernster technischer Hilfsmittel bewältigt werden kann, wobei elektronische Datenverarbeitungsanlagen neben Methoden der Reprographie und der Mikrofilmtechnik eine entscheidende Rolle spielen. Vor dem Hintergrund theoretischer Erkenntnisse einerseits und den technisch realisierbaren Möglichkeiten andererseits wird jedoch leicht übersehen, daß zur praktischen Nutzung des Fortschrittes auch noch andere Bedingungen berücksichtigt werden müssen, wie etwa die logische Strukturierung und dokumentationsgerechte Auswertung des zu verarbeitenden Materials, die teils weit vor dem Einsatz von EDV-Anlagen liegen (Lit. 131, 134). Gerade die erfolgreiche Verwendung moderner Methoden und Techniken macht andere Denkstrukturen als die herkömmlichen auch und besonders für die Benutzer solcher Methoden notwendig.

Das Problem, moderne Methoden auch im Bereich geistiger Tätigkeiten nutzbringend anzuwenden, liegt deshalb nicht am Fehlen oder Vorhandensein technischer Hilfsmittel, sondern - und die Krise beispielsweise der automatischen Dokumentation in den letzten Jahren, sowie die gegenwärtige Unzufriedenheit mit den aufwendigen, maschinenorientierten Management-Information-Systemen zeigen es deutlich - erstens in der Notwendigkeit, die logische Struktur der betreffenden Prozesse mit Hilfe etwa der Systemanalyse soweit als irgend möglich aufzuklären, und zweitens das in diesen Prozessen benötigte Material, also die Daten - wie immer sie aussehen mögen - so aufzubereiten und bereitzustellen, daß sie einer maschinenunterstützten Verarbeitung möglichst optimal zugänglich sind. Im kommerziellen Bereich und da, wo überwiegend numerische Daten, also Zahlen, verarbeitet werden müssen, sind diese Forderungen seit längerer Zeit weitgehend erfüllt und entsprechende Verarbeitungsprogramme bereits zu optimierten Routinen geworden. Im nichtnumerischen Bereich, also dem der Verarbeitung von verbalen Informationen, etwa Texten oder Nachrichten mit einem semantischen, nicht in Zahlen ausdrückbaren Sinngehalt, und das ist - wie etwa die Entscheidungsfindung - ein wesentlicher Teil der Tätigkeit von Führungskräften in allen Bereichen, liegen derartige systematische Untersuchungen noch nicht in dem notwendigen Umfange vor. Den besonderen, meist sehr komplexen und oft von qualitativen Kriterien bestimmten Gegebenheiten der nicht-numerischen Datenverarbeitung widerspricht es nicht, daß dabei auch mathematische Methoden verwendet werden. Aber die Anwendung mathematischer Methoden in einem Gebiet impliziert nicht, daß dieses Gebiet auch mathematisch kalkulierbar ist oder sein müsse.

2.1 Informationssystem und Dokumentationsprozeß

Informationssysteme sind komplexe Systeme, in denen die verschiedensten Prozesse ablaufen, bei denen als Elemente sowohl rein intellektuelle Tätigkeiten auftreten, als auch technische Gegebenheiten berücksichtigt werden müssen. In ihnen werden Kommunikationsprozesse so organisiert, daß Information gewährleistet ist (Lit. 117). Der Entwurf eines jeden Informationssystems hat grundsätzlich von den Wünschen auszugehen, die durch die Benutzer des Systems an dieses gestellt werden, nachdem zuvor der Bedarf nach einem entsprechenden Informationssystem festgestellt wurde (Abb. 7). Aus der Analyse der Benutzerwünsche ergibt sich einmal das im System zu verarbeitende Material, das heißt die Dokumente und die in ihnen enthaltenen Daten, zum anderen die Elemente, die zur Kennzeichnung des Inhaltes der Dokumente und zu deren Identifizierung als sogen. kleinste Auswertungseinheiten festgehalten werden müssen (Lit. 123). Daraus folgt einerseits die Organisation des Arbeitsablaufes und - diese ihrerseits beeinflussend - zum anderen die Wahl der technischen Hilfsmittel. Beim Einsatz von EDV-Anlagen schließt sich dann die Programmierung an. Schließlich sind bei der Präsentation der Ergebnisse des ganzen Prozesses wiederum Forderungen der Benutzer zu erfüllen.

Schritte beim Entwurf eines Informationssystems

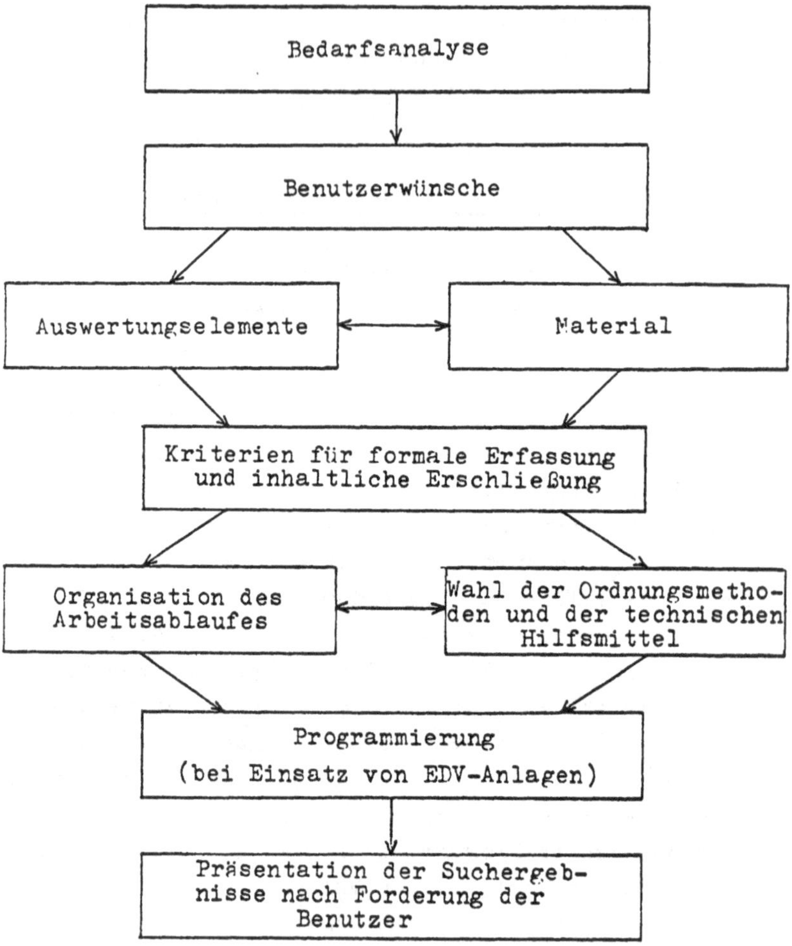

Abb. 7

Stufen des Dokumentationsprozesses in einem Informationssystem

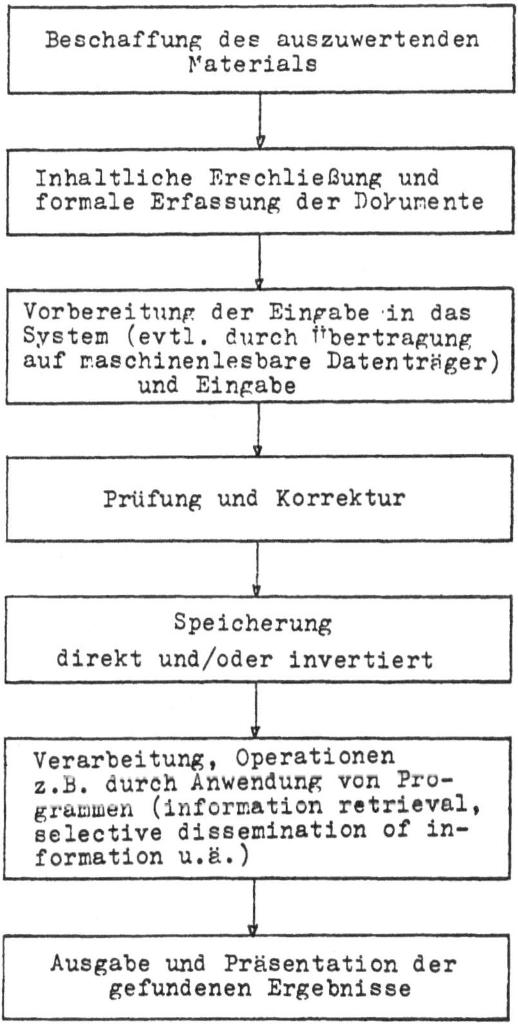

Abb. 8

Der eigentliche Dokumentationsprozeß in einem Informationssystem läuft dann in mehreren Stufen ab (Abb. 8) (Lit. 55, 104). Zunächst muß das auszuwertende Material beschafft werden. Nach dessen formalen Erfassung und inhaltlichen Erschließung erfolgt die Vorbereitung der Eingabe in das System. Bei Verwendung von EDV-Anlagen z.B. durch Übertragung der Daten auf maschinenlesbare Datenträger. An die Eingabe schließt sich zunächst eine Prüfung und nötigenfalls Korrektur der in den sogen. Dokumentationseinheiten enthaltenen Daten an, um nur einwandfreie Einheiten dem Speicher zuzuführen. Die Speicherung selbst kann je nach Aufgabe und Konzeption des betreffenden Systems in verschiedenster Weise erfolgen (Lit. 76). Mit dem gespeicherten Material werden sodann durch Anwendung verschiedener Methoden bzw. Programme - manuell oder maschinell - Operationen durchgeführt, die die eigentliche Verarbeitung darstellen. Schließlich erfolgt die Ausgabe der Ergebnisse in der vom Benutzer gewünschten Präsentation.

Durch die Gegenüberstellung der Schritte beim allgemeinen Entwurf von Informationssystemen einerseits und der Stufen des Dokumentationsprozesses, der in jedem Informationssystem abläuft, andererseits soll zunächst deutlich werden, auf welchen prinzipiellen Wegen auch für eine Forschungsplanung die notwendige Informationsbasis geschaffen werden muß. Gleichzeitig dient die Gegenüberstellung als Beispiel, wie eine zielorientierte Planung, hier: der Entwurf von Informationssystemen, und eine wegorientierte Planung, hier: die Organisation des Dokumentationsprozesses, am gleichen Problem durchgeführt werden können. Der Zusammenhang zwischen Forschungsplanung und Informationsverarbeitung ist aber darüber hinaus auch ganz allgemein gegeben, da Forschung als solche sich wesentlich auf Informationsprobleme zurückführen läßt, wobei die verschiedensten Arten von Daten und somit die verschiedensten Typen von Informationssystemen relevant werden können.

2.2 Typen von Informationssystemen

Während des Forschungsprozesses laufen verschiedene Informationsprozesse ab. Es entstehen Daten, zum Beispiel Meßdaten bei experimenteller Forschung, oder es werden Daten erhoben, beispielsweise in sozialwissenschaftlicher Forschung; es wird Literatur, die bestimmte Informationen enthält, ausgewertet; es werden Vorgänge analysiert und dabei Zeitabläufe festgehalten; es werden Entscheidungen getroffen, in denen sowohl Sachfragen als auch Meinungen als Basis dienen u.s.f.. Alle diese Daten und Informationen müssen verarbeitet werden, um an anderer Stelle wieder nutzbringend zur Verfügung zu stehen. Dabei werden die verschiedensten Methoden der Dokumentation angewendet und verschiedene Informationssysteme etabliert.

Bisher vorgeschlagene Typologien von Informationssystemen orientieren sich vorwiegend an Organisationsstrukturen oder an Anwendungsbereichen von Informationssystemen (z.B. Lit. 11, 54, 101, 120). Das Bedürfnis einer solchen Unterscheidung entsprang wohl in erster Linie aus terminologischen Bemühungen. Dabei erweist es sich als schwierig, allgemein gültige Kriterien zu finden, die eine saubere Abgrenzung des einen Typs von einem anderen gestattet. Eine informationswissenschaftliche Durchleuchtung des Problems führt zu dem Schluß, daß Kriterien, die sich an den Dimensionen möglicher Zusammenhänge, in denen jeweils ein einzelnes Datum in einem Informationssystem steht, orientieren, einen erfolgversprechenden Ansatz für eine solche Abgrenzung bieten. Damit werden jedoch keine organisations- oder fachbezogenen Systeme differenziert, wie etwa 'Krankenhaus-Informationssystem', 'Forschungs-Informationssystem', 'parlamentarisches Informationssystem' etc., sondern Typen definiert, in denen jeweils besondere Datenarten mit speziellen Methoden verarbeitet werden. Diese Typen treten, einzeln oder kombiniert, dann in organisations- oder fachbezogenen Informationseinrichtungen auf. Zum Verständnis der verschiedenen Informationsprozesse bei der Forschungstätigkeit und damit auch für die Forschungsplanung ist eine Abgrenzung der Informationssysteme nach in ihnen auftretenden Datenarten zweckdienlich.

Beispielsweise existieren Literaturdokumentation und Datendokumentation seit langem nebeneinander und werden mit mehr oder weniger unterschiedlichen Methoden betrieben (Lit. 94). Die Datendokumentation beantwortet danach Fragen nach dem konkreten Wissen: "Wie ist etwas?". Das heißt, das einzelne dokumentierte Datum steht nur in Zusammenhang mit den auf sich selbst bezogenen Eigenschaften. Der Bezug ist gewissermaßen nur zweidimensional. In der Literaturdokumentation steht das Einzeldatum dagegen nicht nur in einem inhaltlichen Zusammenhang mit anderen Daten seines Kontextes, sondern es gewinnt seinen vollen Informationsgehalt erst durch die zusätzliche Angabe der Fundstelle, in der es in diesem Zusammenhang auftritt. Die Zusammenhänge sind hier demzufolge dreidimensional. Zu diesen bekannten Typen gesellten sich in letzter Zeit andere: zum Beispiel die Dokumentation von direkten Zusammenhängen zwischen Dokumenten, wie sie sich etwa im sogen. Citation Index niedergeschlagen hat, wie sie aber auch für juristische Informationssysteme zum Nachweis expliziter Verweisungen erforderlich ist (Lit. 7); oder die Dokumentation von Vorgängen, bei der besonders zeitliche Komponenten für die Entstehung von Dokumenten nach einem vorgegebenen Arbeitsablauf, etwa einer Geschäftsordnung, wirksam werden, wie dies beispielsweise bei einem parlamentarischen Informationssystem für den Deutschen Bundestag (Lit. 18), aber auch für Abnahmeprüfungen von technischen Großanlagen, etwa ganzen Kernkraftwerken, durch den technischen Überwachungsverein (TÜV) zutrifft (Lit. 5).

Jedes dieser Informationssysteme verarbeitet eine besondere Art von Daten, verwendet spezielle Methoden und erbringt Informationen verschiedener Qualität, insofern diese Informationen auf das spezielle System zugeschnitten sind, auch wenn die ihnen zugrunde liegenden Daten möglicherweise ein und demselben Dokument entnommen werden. Aus diesen, den verschiedenen Dimensionen möglicher Zusammenhänge der Einzeldaten entsprechenden, qualitativen Unterschieden lassen sich entsprechende Typen von Informationssystemen ableiten, wobei "Qualität" in diesem Zusammenhang natürlich nichts über den Wert der Informationen aussagen soll, sondern lediglich über deren Beschaffenheit. Gerade im Forschungsprozeß aber werden oft Informationen solcher verschiedenen Beschaffenheit benötigt, deren Ermittlung die Kenntnis ihrer unterschiedlichen inneren Struktur und deren Handhabung die Beherrschung der speziellen Methodik erfordert. Deshalb scheint der Versuch einer entsprechenden Typologie von Informationssystemen hier gerechtfertigt.

Jede Art von Informationssystem basiert auf einem

entsprechenden Dokumentationssystem, in dem die sogen. Auswertungselemente eine entscheidende Rolle spielen, da durch sie die Struktur des Systems wesentlich beeinflußt wird (Lit. 79). Als Auswertungselemente werden die kleinsten Einheiten bezeichnet, die aufgrund der Analyse der Benutzerwünsche in einem Dokumentationssystem verarbeitet werden, wie z.B. Namen, Sachverhalte, Meßergebnisse, Ortsangaben, Zeitangaben etc. Bei der Verwendung elektronischer Datenverarbeitungs- (EDV-) Anlagen fungieren sie zugleich als die kleinsten adressierbaren Einheiten. Sie werden ihrer Funktion im Dokumentationsprozeß gemäß in einem "allgemeinen Datenerhebungskatalog" geordnet (Lit. 80, 125). Bei der formalen Erfassung und inhaltlichen Erschließung eines konkreten Dokumentes wird jedem, für dieses Dokument relevanten Auswertungselement ein oder auch mehrere ihm entsprechende "Informationselemente" zugeordnet, die dann erst die realen Daten bezüglich der betreffenden dokumentarischen Bezugseinheit für den Informationsprozeß darstellen, z.B. dem Auswertungselement "Personen als Urheber" etwa die Informationselemente "Schiller, Karl" und "Schmidt, Helmut". Die Informationselemente bilden die Grundlage für die Erfüllung des tatsächlichen Informationsbedarfes der Benutzer, während die Auswertungselemente gewissermaßen deren "Leerformeln" darstellen und vornehmlich der Organisation des Arbeitsablaufes im System dienen, Voraussetzung für die Programmierung sind, aber auch die Kompatibilität zwischen verschiedenen Systemen ermöglichen. Die Art der in einem Informationssystem, bzw. in dem ihm zugrunde liegenden Dokumentationssystem, verarbeiteten Auswertungselemente und die Bezüge oder Verknüpfungen, die zwischen diesen Elementen in dem System realisierbar sind, sowie der Rahmen, in dem sich diese Bezüge bewegen, können als Kriterien für die Abgrenzung von

Typen von Informationssystemen dienen. Dabei sind die Grenzen zwischen den Typen nicht ganz scharf zu ziehen, weil es Übergänge zwischen den Typen gibt, deren scharfe Trennung zu einer Vielzahl einander sehr ähnlicher Typen führen würde. Aus diesem Grunde erscheint eine relativ grobe Gliederung, die sich nur auf das Wesentliche beschränkt und Übergangsformen zuläßt, zweckmäßiger.

- I Der erste Typ könnte etwa Auswertungselemente enthalten, die völlig eigenständig und isoliert sind, zwischen denen keine besonderen Bezüge bestehen und die jeweils nur mit sich selbst verknüpft werden. Solche Auswertungselemente können beispielsweise Zeichen, Zahlen oder einzelne Wörter sein. Der Typ eines solchen Informationssystems ist vornehmlich in Statistiken realisiert und könnte etwa als "statistische Dokumentation" bezeichnet werden. Typisch dafür ist, daß das einzelne Auswertungselement einen Aussagewert und damit Informationsgehalt erst durch seine Stellung im Gesamtsystem erhält. Der Bezug des Zusammenhanges ist eindimensional.

- II In einem zweiten Typ wären dann verschiedene Arten von Auswertungselementen enthalten, die miteinander in solchen Beziehungen stehen, daß eine Art etwa Eigenschaften der anderen Art enthält (zweidimensionale Zusammenhänge). Dies würde zutreffen für alle Informationssysteme, in denen reine Fakten verarbeitet werden, wie sie etwa in Werkstoffdatenbanken u.ä. realisiert sind. Ihm zugrunde liegt entsprechend eine "Faktendokumentation".

Typisch für solche Informationssysteme ist, daß

die Auswertungselemente und deren Verknüpfungen einen Sachverhalt so beschreiben, daß dieser einen Aussagewert und damit Informationsgehalt auch ohne die Angabe einer Fundstelle hat.

Diese ersten beiden Typen, bei denen sogenannte harte Daten auftreten, sind vorwiegend Gegenstand der Datendokumentation.

- III Ein dritter Typ von Informationssystemen enthält Auswertungselemente, die sich grob in zwei Klassen teilen lassen, einmal solche, die der Inhaltskennzeichnung eines Dokumentes dienen, zum anderen solche, die zur Identifikation des betreffenden Dokumentes geeignet sind. Die Verknüpfung der einzelnen Auswertungselemente ist dabei sehr vielfältig und orientiert sich am Dokumentationsprozeß. Solche Informationssysteme beziehen sich auf die Literaturdokumentation. Sie stellen den überwiegenden Teil der bisher realisierten Dokumentationsvorhaben und werden deshalb häufig als Informationssysteme schlechthin angesehen.

  Typisch für solche Systeme ist, daß sie sich auf sogen. dokumentarische Bezugseinheiten stützen und somit ihren Aussagewert und damit Informationsgehalt erst durch eine Kombination der inhaltskennzeichnenden Auswertungselemente mit den dazugehörigen Identifikationselementen erhalten. Das heißt, daß die Inhaltsangabe eines Dokumentes nur bei gleichzeitiger Angabe der Quelle (also der bibliographischen Angaben oder Fundstelle) einen Wert hat.

- IV Ein vierter Typ von Informationssystemen fußt auf Auswertungselementen, durch die direkte

Zusammenhänge zwischen bestimmten Dokumenten charakterisiert werden (bei der Literaturdokumentation des dritten Typs werden durch die Inhaltsangaben nur indirekte Zusammenhänge zwischen Dokumenten hergestellt). Direkte Zusammenhänge können entstehen durch z.B. Zitierungen oder Verknüpfungen (Lit. 80) von Dokumenten; durch den gleichen Autor etwa in Bibliographien; aber auch durch explizite Verweisungen wie beispielsweise in Gesetzen (Lit. 7). Realisiert sind solche Systeme in der sogen. Rückwärtsdokumentation wie etwa dem Science Citation Index. Sie basieren auf der "Dokumentation von Zusammenhängen".

Typisch für solche Informationssysteme ist, daß in ihnen als erstes Suchkriterium ein bereits bekanntes Dokument fungiert und vorwiegend formale Auswertungselemente den Bezug zu anderen Dokumenten herstellen, so daß der Aussagewert und damit der Informationsgehalt erst durch die Abhängigkeit eines Dokumentes vom anderen oder den Einfluß, den ein Dokument auf ein anderes bewirkt, entsteht.

- V In einem fünften Typ von Informationssystemen kommen zu den inhaltskennzeichnenden und den zur Identifikation eines Dokumentes geeigneten Auswertungselementen noch solche hinzu, die ein bestimmtes Dokument in einen Vorgang einzuordnen gestatten, der aufgrund vorgegebener Regeln, wie z.B. einer Geschäftsordnung, abläuft, und bei dem an ganz bestimmten Stellen ganz bestimmte Dokumente entstehen müssen (Lit. 18). Diese Auswertungselemente geben etwa die Position eines Dokumentes im Vorgang oder den zeitlichen

Abstand zweier solcher Positionen an. Realisiert sind solche Systeme beispielsweise bei der Vorgangsdokumentation in einem parlamentarischen Informationssystem oder bei der Abnahme und Prüfung von Großanlagen der Technischen Überwachungsvereine. Sie kommen aber auch besonders für die Dokumentation des Ablaufes von umfangreichen Forschungsvorhaben in Frage. Ihnen liegt die "Dokumentation von Vorgängen" zugrunde.

Typisch für solche Informationssysteme ist neben ihrer Abhängigkeit von einem vorgegebenen Regelwerk der prozessuale Aspekt ihrer spezifischen Auswertungselemente. Der Aussagewert und damit Informationsgehalt liegt in der Möglichkeit des differenzierten Fundstellennachweises von Dokumenten in noch laufenden Vorgängen und in der Möglichkeit der Abfrage nach zeitlichen Relationen.

- VI Ein sechster Typ von Informationssystemen befaßt sich mit der Dokumentation von Entscheidungsprozessen, die dabei besonders durch eine Trennung von Sachverhalten einerseits und Meinungen, die in anderen als sachlichen, z.B. politischen oder weltanschaulichen Motiven begründet sind, andererseits transparent gemacht werden sollen. In solchen Systemen treten komplexe Auswertungseinheiten, die sich jedoch wieder in Elemente zerlegen lassen, auf, wie etwa Argumente, Problemlösungsvorschläge, Bewertungen u.ä. Dieser Typ ist beispielsweise in dem sogen. Issue Based Information System (IBIS) realisiert (Lit. 52). Dabei kommt der Transparenz als wesentlichem Strukturelement einer demokratischen Gesellschaft (Lit. 59) für die Dokumentation von

Entscheidungen ganz besondere Bedeutung zu. Darüber hinaus kann durch sie der vollzogene Ablauf 'nicht nur reproduziert, sondern auch in veränderter Form vergleichend weitergeführt werden' (Lit. 34). Voraussetzung dazu ist eine "Dokumentation von Entscheidungsfindungen".

Typisch für solche Informationssysteme ist der kontroverse Diskurs eines gegebenen Problems. Der Aussagewert und damit der Informationsgehalt liegt in dem breiten Spektrum der dokumentierten Argumente und Sachbezüge, die für die Entscheidung ähnlicher Probleme von Bedeutung sein können.

- VII Einen siebten Typ könnte man etwa als Informationssystem zur Systemüberwachung bezeichnen. Damit soll zum Ausdruck gebracht werden, daß es sich bei jeder Systemanalyse, gleichgültig ob in der Forschung oder in irgendeinem anderen Bereich,um einen permanenten Prozeß handelt. Die speziellen Auswertungselemente für ein solches Informationssystem sind dementsprechend systemspezifisch unterschiedlich. Sie beziehen sich auf die Kontrollfunktion und umfassen besonders Zeitangaben, etwa in Form von Terminen, Finanzdaten wie etwa Haushaltstitel u.ä.. Realisiert ist dieser Typ in sogen. Monitoring Systemen. Notwendig für den Betrieb eines solchen Systems ist die "Dokumentation von Systemelementen".

Typisch für ein solches Informationssystem ist der sich durch Fortschreibung dauernd ändernde Datenbestand. Sein Aussagewert und damit sein Informationsgehalt besteht in der Verfügbarkeit systematisch gesammelter Erfahrungen beim Vergleich von Soll- und Ist-Zuständen und damit erhärteter Planungsgrundlagen. Insofern könnte dieser Typ auch als Planungsinformationssystem bezeichnet werden.

Diese Aufzählung der Typen von Informationssystemen erhebt keinen Anspruch auf Vollständigkeit, jedoch sind die zur Zeit gängigsten Typen und die Kriterien ihrer gegenseitigen Abgrenzung dargestellt. Weitere Typen sollten jedoch nach gleichen Prinzipien definiert werden, nachdem zuvor geprüft ist, ob sie nicht in den vorhandenen schon enthalten sind. Die bereits erwähnte Möglichkeit der Überschneidung verschiedener Typen kann zum Beispiel auftreten, wenn in der Datendokumentation zu einem bestimmten Meßergebnis neben den Meßbedingungen auch die Quelle angegeben wird, von wem, wo, wann und wie die betreffende Messung durchgeführt und gegebenenfalls veröffentlicht wurde. Hier tritt eine Überschneidung der Typen II und III auf, wie ohnehin sehr viele Fakten, die Gegenstand der Datendokumentation sind, in der allgemeinen Literatur publiziert werden. Auch die statistische Information, wie sie als Typ I beschrieben wurde, dürfte integraler Bestandteil eines jeden Informationssystems sein.

2.3 Komplexe und integrierte Informationssysteme

Aus der Verflechtung der verschiedenen Typen von Informationssystemen ergeben sich in der Praxis sogen. komplexe Informationssysteme (Lit. 119). In den meisten komplexen Informationssystemen nimmt gegenwärtig der Typ, der sich mit der Literaturdokumentation befaßt, die zentrale Stellung ein, während die übrigen Typen mehr perifer liegen und sich mit der Literaturdokumentation mehr oder weniger überlappen (vgl. Abb. 9). Im Prinzip kann jedoch jeder Typ an die zentrale Stelle rücken, wie es mehr und mehr etwa bei Vorhaben der Datendokumentation der Fall ist. Andererseits können die Funktionen der periferen Typen von Informationssystemen in einem komplexen System solche Ausmaße annehmen und spezielle Prozeduren der Verarbeitung benötigen, daß sich die Ausgliederung von entsprechenden Subsystemen als zweckmäßig erweist, wodurch integrierte Informations- und Dokumentationssysteme entstehen (Abb. 10), wie dieses beispielsweise beim parlamentarischen Informationssystem für den Deutschen Bundestag geschieht (Lit. 76). Für komplexe Informationssysteme erweist es sich als zweckmäßig, die Auswertung der Dokumente so zu organisieren, daß jedes Informationselement, gleichgültig welchem Subsystem dieses zuzuordnen ist, nur einmal erhoben werden muß. Dies kann beispielsweise durch eine sogen. integrierte Datenerfassung sichergestellt werden (Lit. 124).

Eine solche gewissermaßen horizontale Verflechtung kann in dieser Ebene auch zwischen verschiedenen Informationssystemen, von denen jedes wieder komplex sein kann, zu einem sogen. Informationsverbundnetz oder auch Informationsbankennetz erweitert werden (Lit. 133, 73, 40, 129). Voraussetzung für einen solchen Verbund ist die Kompatibilität zwischen den verschiedenen beteiligten Informationssystemen (vgl. Kap. 4.21). Eine solche Kompatibilität, wie sie für forschungsorientierte Informationssysteme besonders wichtig ist, kann - bei Erhaltung weitgehender Eigenständigkeit der Einzelsysteme - in erster Linie durch den gemeinsamen Katalog von Auswertungselementen, die gemäß ihrer Funktion im Dokumentationsprozeß struktu-

Struktur eines komplexen Informationssystems mit verschiedenen Typen von Informationssystemen

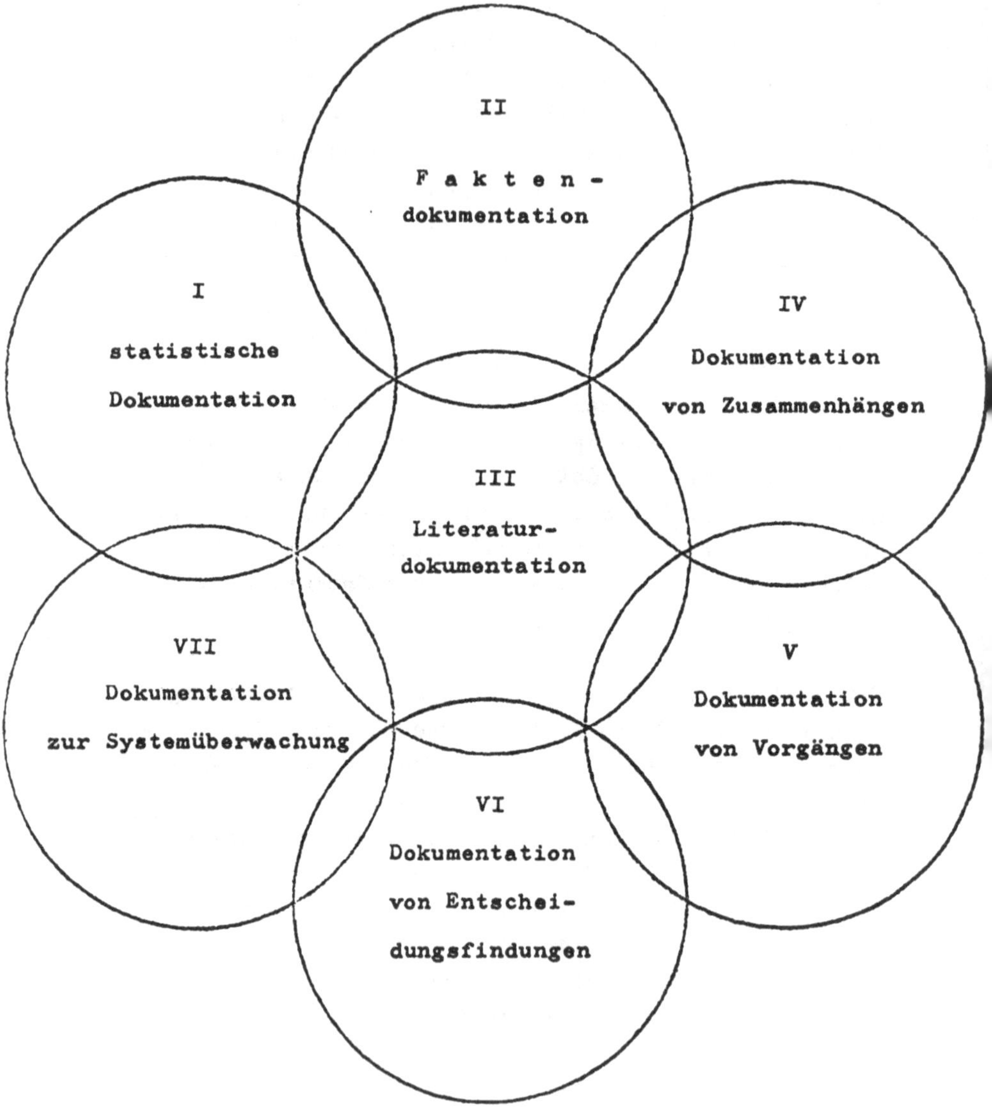

Abb. 9

Integriertes Informationssystem mit Subsystemen

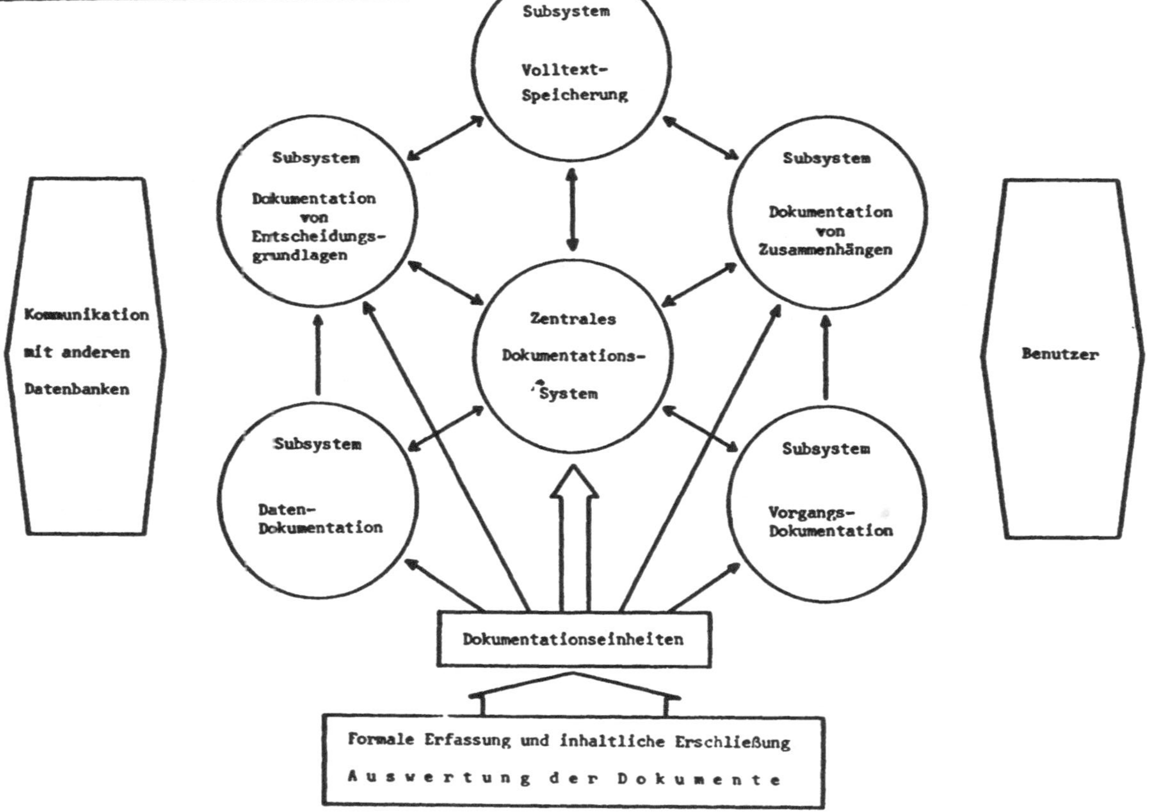

Abb. 10

riert sind, erreicht werden (Lit. 80, 79).

In einem Forschungsprozeß, sowohl bei der Durchführung einzelner Forschungsvorhaben als auch im Aufgabenbereich der Forschungspolitik, können alle Typen von Informationssystemen relevant sein. Sie treten dabei meist als komplexe Informationssysteme auf und müssen oft integriert betrieben werden.

Die bisher erörterten Typen von Informationssystemen liegen alle auf der gleichen Ebene. Sie unterscheiden sich nur in den Dimensionen der Zusammenhänge der in ihnen verarbeiteten Daten. Sie sind im Prinzip unabhängig von konkreten Benutzerwünschen und dienen somit zunächst der theoretischen Untermauerung für den Entwurf komplexer Informationssysteme. Reale Informationssysteme sind dagegen nur sinnvoll mit Bezug auf eine definierte Zweckbestimmung, und damit auf einen vorhandenen oder potentiellen Benutzerkreis. Eine der wesentlichsten Aufgaben jedwedes Informationssystems, wenn auch keineswegs die einzige, für eine Forschungsplanung aber besonders wichtige, ist es, Informationen als Grundlage für Entscheidungen bereitzustellen.

2.4 Informationssysteme als Entscheidungsgrundlage

Das klassische Entscheidungsmodell mit den drei subjektiv-personalen Entscheidungselementen: Erfahrung, Intuition und Urteilsfähigkeit des Entscheiders verliert heute mehr und mehr an Bedeutung (Lit. 33). Diese klassischen Entscheidungsgrundlagen waren Entscheidungsproblemen von einfacher Struktur durchaus angemessen. Zunehmende Komplexität der Bedingungen, unter denen heute Entscheidungen getroffen werden müssen, erfordern eine breite und möglichst objektive Informationsbasis. Denn ebenso wie jede Argumentation nicht mehr wert ist, als die Prämissen, auf die sie sich stützt, ist jede Entscheidung so gut wie die Informationen, auf denen sie beruht. Dazu kommt aber, daß einer fast konstanten Urteilskapazität des Menschen in der Entscheidungsfunktion eine exponentiell wachsende Informationsmenge gegenüber steht, wodurch die Probleme der Informationsverarbeitung und der Informationsübermittlung zu den wichtigsten Problemen moderner Führung werden (Lit. 16). Die Handhabung dieser Informationsmengen zum Zwecke der Entscheidungsvorbereitung verlangt aber Informationssysteme, die sich in ihrer Struktur und ihrer Zielsetzung von den oben definierten Typen wesentlich unterscheiden.

Wenn die bisher erörterten Typen von Informationssystemen alle horizontal in der gleichen Ebene liegend angenommen werden, erheben sich die für eine Entscheidungsvorbereitung notwendigen, speziellen Informationssysteme gewissermaßen vertikal darüber. Dabei dienen die erstgenannten Typen als Informationsbasis für letztere. Da Entscheidungen auf verschiedenen Ebenen getroffen werden, jeweils aufgrund von Informationen verschiedener Provenienz, Qualität und Dichte ergibt sich somit ein Bild, das gerne als Entscheidungs- oder, modern, auch Management-Pyramide dargestellt wird (Abb. 11). Aus diesem Aufbau leiten sich die sogen. Management-Informationssysteme (MIS) ab, für die es als besonders charakteristisch galt, mit steigender Entscheidungsebene eine ebenfalls steigende Datenverdichtung und damit Informationsverdichtung als Entscheidungsgrundlage für notwendig zu erachten.

Trotz des hohen finanziellen Aufwandes und des Einsatzes

Management- oder Entscheidungspyramide

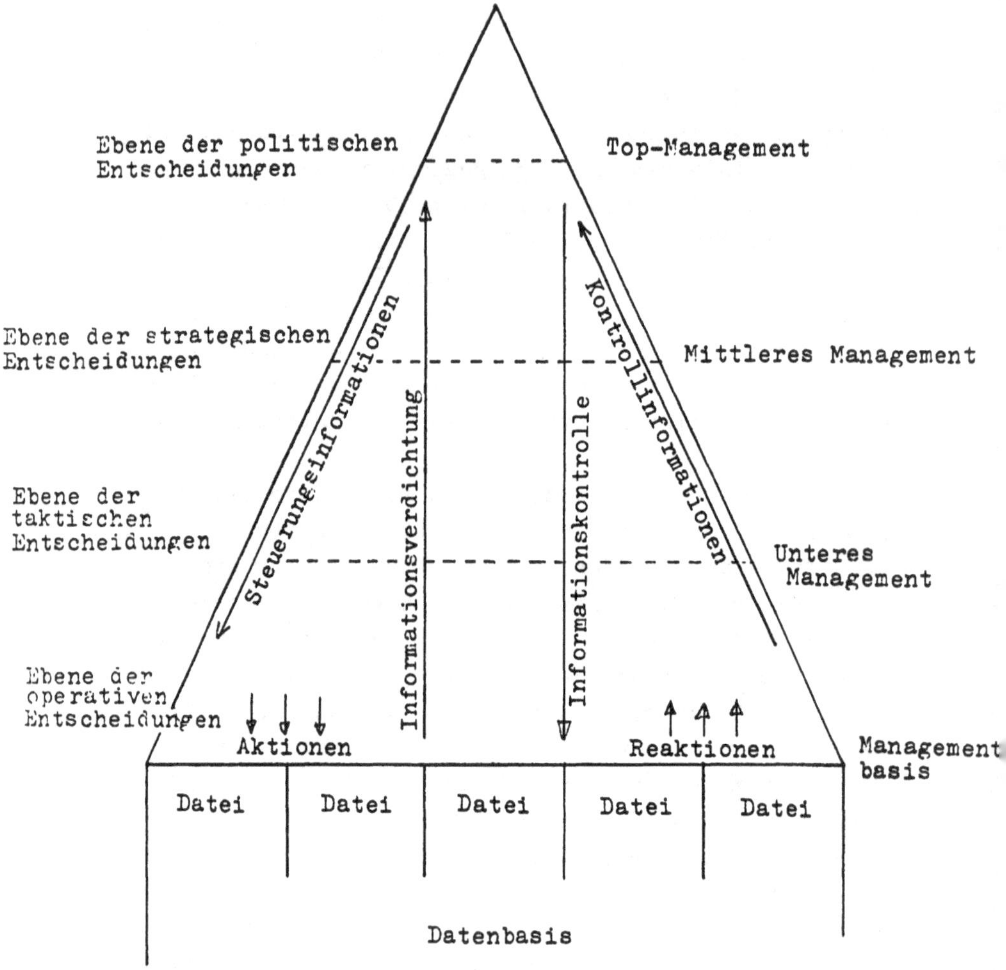

Abb. 11

zahlreicher Computer besonders in den Vereinigten Staaten haben Management-Informationssysteme die in sie gesetzten Erwartungen im Entscheidungsprozeß nicht erfüllt. Diese Tatsache wurde auf einem Sommerkurs am Massachusetts Institute of Technology im August 1970 besonders deutlich (Lit. 92). Das Versagen wird auf eine falsche Einschätzung der Management-Probleme seitens der Systemspezialisten, das heißt aber auf schwere Mängel in der Benutzeranalyse, zurückgeführt. Dazu kommt, daß die Informationsbedürfnisse der operativen, also wegorientierten Problemstellungen sich als sehr verschieden von denen der strategischen, also zielorientierten Problemstellungen erwiesen. Der Unterschied ist nicht einfach eine Frage des Verdichtungsgrades der Informationen, sondern der grundlegende Charakter der benötigten Informationen ist verschieden. Außerdem werden wegen ihrer besseren Eignung zur Verdichtung vorwiegend numerische Daten verwendet, die zu diesem Zweck mit mathematischen Methoden vorzüglich, auch automatisch verarbeitbar sind. Herkömmliche Management-Informationssysteme beziehen sich deshalb vornehmlich auf strukturierte Daten (Lit. 29, 44, 111), wodurch sich die größte Aktivität im Raum der operativen Problemstellungen abspielt. Zudem wird häufig die dienende Funktion solcher Informationssysteme vergessen, so daß sie zum Selbstzweck werden und der Entscheidungsträger im Extremfall mit Informationen belastet wird, die er gar nicht benötigt (Lit. 19).

Im Gegensatz zu den strukturierten, meist numerischen Daten entziehen sich nicht-numerische Daten weitgehend einer automatischen Verdichtung. Gerade sie bilden aber einen wesentlichen Teil der Entscheidungsgrundlage für den höheren Entscheidungsträger. Dies trifft ganz besonders für die Entscheidungsprozesse einer zielorientierten Forschungsplanung zu, in denen neben den rein numerischen, z.B. Finanzdaten die nur deskriptiv zu erfassenden Forschungsvorhaben und -ergebnisse sowie das "know how" die wesentlichste Rolle spielen.

Neben der mangelnden Analyse der tatsächlichen Informationsbedürfnisse von Entscheidungsträgern wird als zweiter Grund für das bisherige Versagen der Management-Informationssysteme angegeben, daß bei ihrem Entwurf einseitig von den technischen Möglichkeiten der elektronischen Datenverarbeitungs- (EDV) Anlagen ausgegangen wurde (Lit. 122) und daß sich die Systemgestalter vorwiegend "auf Hardwaresystemeffizienz, Datenfluß und Kapazitätsauslastung ohne entsprechende Berücksichtigung der Managerprobleme" konzentrierten (Lit. 92). Dazu kommt, daß häufig bereits vorhandene EDV-Programme zur Anwendung propagiert und auch verwendet werden, die jedoch den speziellen Bedingungen eines bestimmten Problems nicht angepaßt sind und, da notwendigerweise allgemein konzipiert, diesen auch gar nicht voll gerecht werden können.

Angesichts dieses Dilemmas wurde vorgeschlagen, statt der herkömmlichen Management-Informationssysteme sogen. Management-Entscheidungssysteme (Man Machine Decision System = MDS (Lit. 92)) zu entwerfen. Ein solches System würde einen Prozeß beinhalten, in dem Informationen als "input" fungieren und Entscheidungen den "output" darstellen. Dabei kann Management, also die Führungs- und Leitungsfunktion, allgemein "als die Verarbeitung von Informationen und ihre Verwendung zur zielorientierten Steuerung von Menschen und Prozessen in soziotechnischen Systemen" definiert werden (Lit. 122). Daraus wird schon deutlich, daß für die Führungsfunktion zwar die Informationsbasis zur Entscheidungsfindung von ausschlaggebender Bedeutung ist, aber ein gleiches Gewicht dem Verständnis und der Fähigkeit zur Beurteilung dieser Informationen zukommt. Die Entscheidungsgrundlage besteht also nur zum Teil aus Faktenkenntnis, genauso wichtig ist vielmehr die Kenntnis darüber, wie man Informationen zu bewerten hat und wie und wofür sie verwendbar sind.

Zum Entwurf optimaler Informationssysteme, besonders aber solcher, die als Basis für Entscheidungsprozesse dienen, gehört deshalb als Hilfsmittel das, was man mit "Informations-Management" bezeichnet hat. Allerdings sind die bisher für solche speziellen "Informations-Management-Systeme" (IMS) entwickelten Programme ebenfalls wieder nur auf numerische Daten bezogen (Lit. 42). Dagegen sollte zu einem Informations-Management besonders die sorgfältige Auswahl aller Informationen - also auch der nicht-numerischen - gehören, die für Führung und Leitung eines Unternehmens bzw. eines Projektes erforderlich sind, und diese Informationen sollten genau auf die Bedürfnisse und Kommunikationsprozesse der betroffenen Entscheidungsträger abgestimmt sein (Lit. 71). Das heißt, Stufe und Funktion, die einem Entscheidungsträger zugeordnet sind, definieren Art und Form der Informationen, die er benötigt, um seine Funktion im Rahmen seiner Kompetenz wahrnehmen zu können (Lit. 66). Eine Nachrichtenüberflutung und die daraus resultierende Entscheidungsüberlastung kann dagegen die gesamte Führungsfunktion lahmlegen. Sie wird sogar als ein "entscheidender Faktor beim Zusammenbruch von Staaten und Regierungssystemen" angesehen (Lit. 15).

Informationen haben bei der Entscheidungsfindung verschiedene Funktionen. Diese ergeben sich aus den speziellen Kriterien der einzelnen Stufen des Entscheidungsprozesses, von denen neben der Zieldefinition die Entwicklung alternativer Wege zur Zielerreichung aufgrund vorhandener Informationen, die Bewertung dieser Informationen und die Kontrolle der Durchführung der getroffenen Entscheidungen wiederum aufgrund entsprechender Informationen die wichtigsten sind. Alle diese Stufen sind funktional miteinander in bestimmter Weise verknüpft und lassen sich als Phasen der Entscheidungsfindung und damit der Führungstätigkeit deuten. Jede einzelne Phase ist dabei als eine Folge von Informationsprozessen aufzufassen. Durch die notwendige Kontrolle getroffener Maßnahmen und durch die Tatsache, daß Entscheidungen auf verschiedenen Ebenen getroffen werden, läßt sich der Entscheidungsprozeß auch als ein kybernetischer Regelungsprozeß mit mehrstufig miteinander verknüpften Regelkreishierarchien beschreiben, durch den bei dem jeweiligen Entscheidungsträger Lernprozesse in Gang gesetzt werden. Zum besseren Verständnis dieser Zusammenhänge ist eine genauere Betrachtung der Vorgänge bei der Entscheidungsfindung nützlich.

3. Entscheidungstheoretische Überlegungen

Die Analyse der Entscheidungsfindung ist an sich nichts Neues. Früher nannte man diesen Vorgang "Beurteilung der Lage und Entschluß" (Lit. 13). Heute benutzt man, vornehmlich im Bereich der Unternehmensführung, zur Vorbereitung, allerdings meist nur von Routineentscheidungen, "Checklisten" (Lit. 58). Darüber hinaus finden, besonders bei komplexen Entscheidungen, verfeinerte, oft mathematisierte Methoden des Operations Research und der Management Sciences Anwendung (Lit. 22, 72). Um die Verflechtung des Entscheidungsprozesses mit verschiedenen Informationsprozessen deutlich zu machen, ist es notwendig, zunächst die möglichen Arten von Entscheidungen aufzuzeigen, den Rahmen, in dem sie jeweils auftreten,abzustecken, und sodann den Ablauf des Entscheidungsprozesses im einzelnen zu beschreiben.

3.1 Arten von Entscheidungen

Entscheidungen werden getroffen auf verschiedenen Ebenen, die sich horizontal in verschiedener Höhe durch die Entscheidungspyramide legen lassen. Je nach Komplexität der betreffenden Organisation, in der die Entscheidungen getroffen werden, kann man unterscheiden nach operativen Entscheidungen, getroffen auf der untersten Ebene nach Dispositionen höherer Entscheidungsträger; ihnen folgen auf einer höheren Ebene taktische oder dispositive Entscheidungen, die - analog zur Unternehmensführung - Aufgabe des unteren Management sind; diese sind abhängig von Entscheidungen, die auf strategischer Ebene, etwa des mittleren Managements getroffen werden, die ihrerseits durch Entscheidungen des "Top-Managements" auf etwa politischer Ebene bestimmt werden. Diese Entscheidungshierarchie braucht natürlich nicht in jedem Falle voll realisiert zu sein. Besonders häufig werden auch die strategischen Entscheidungen vom Top Management getroffen. Gerade in der Forschungsplanung treten aber alle vier Entscheidungsebenen auf. Die operative und die taktische Ebene haben dabei für die Durchführung einzelner Projekte Bedeutung. Strategische Entscheidungen werden in der Großforschung und der Forschungsförderung relevant, während durch politische Entscheidungen "die Rolle der Forschung in der wissenschaftlichen Zivilisation" (Lit. 70) und ihre Einbettung in gesellschaftspolitische Gegebenheiten bestimmt wird.

Auf allen Ebenen werden Entscheidungen getroffen, entweder von Einzelpersonen mit entsprechender, aber meist verschiedener Kompetenz, oder von Entscheidungskollektiven (= Konferenzentscheidung) nach demokratischen Regeln, denen jedoch auch die individuelle Entscheidungsfindung jedes einzelnen der am Kollektiv Beteiligten vorausgehen muß. Jeder Entscheidung, auf welcher Ebene auch immer, ob individuell oder kollektiv, liegen Informationen zugrunde; Informationen, die jedoch je nach der Entscheidungsebene verschiedenen Charakter und mit der Höhe der Ebene schwerwiegendere Bedeutung haben. Neben den Informationen selbst ist noch die Möglichkeit des Zugriffes zu ihnen und dabei besonders die Zugriffszeit wichtig für den Entscheidungsprozeß. Aus diesen beiden Komponenten, Informationen und Zeit, als Grundlage für eine Entscheidungsfindung, lassen sich verschiedene Möglichkeiten des Entscheidungsvorgangs ableiten, die ihrerseits wiederum als Bild der Qualität von Entscheidungen aufgefaßt werden können.

Eine matrizenartige Darstellung der verschiedenen Komponenten (Abb. 12) zeigt - ganz ähnlich wie auch eine "Planungs- oder Informationsmatrix" (Lit. 33, 98) - die Zusammenhänge zwischen der Menge an Informationen, die einer Entscheidung zugrunde liegen kann, und dem Zeitraum, der zur Entscheidungsfindung zur Verfügung steht. (Dieser Zeitraum hat seinerseits oft auch eine Beziehung zu dem Zeitraum, für den eine Entscheidung gültig sein wird.) Daraus lassen sich wiederum Entscheidungsebenen erkennen, die jedoch mit den bisher genannten Ebenen der Management-Pyramide nur teilweise übereinstimmen. Aus der Abb. 12 können nach den mit großen Buchstaben bezeichneten Feldern folgende Entscheidungsebenen beschrieben werden:

Ebene der operativen Entscheidung	=	Gruppe der Felder A, B, (C)
Ebene der taktischen (dispositiven) Entscheidung	=	Gruppe der Felder D, E, F
Ebene der strategischen (politischen) Entscheidung	=	Gruppe der Felder (G), H, I

Bei dieser Darstellung sind die Feldabgrenzungen natürlich nicht absolut zu sehen, sondern relativ. Dabei besteht zwischen den beiden Spalten "viel Information" und "aufbereitete Information" ein besonderer Zusammenhang (durch gestrichelte Linie dargestellt), insofern hier ein Übergang von überwiegend quantitativer (viel) Information zu mehr qualitativer (aufbereiteter) Information stattfindet. Die Interpretation der Matrix ergibt zunächst einmal ganz allgemein, daß eine Entscheidung, die auf möglichst vielen, guten und entsprechend aufbereiteten Informationen beruht und für die genügend Zeit zur Verfügung steht, die beste sein wird (Feld I). Der Gegensatz dazu ist die kurzfristig notwendige Entscheidung mit wenig

Zeit / Information	wenig	viel	aufbereitet (viel)	
langfristig	(G)	H	I	(politische) strategische
mittelfristig	D	E	F	taktische (dispositive)
kurzfristig	A	B	(C)	operative
	Hierarchie	Gruppe (Team)	Kollektiv	Entscheidungsebene
		Organisationsstruktur		

Abb. 12 <u>Entscheidungs-Matrix</u>

zur Verfügung stehenden Informationen (Feld A), wie sie beispielsweise bei einer militärischen Kampfgruppe zu treffen ist. Auf der Ebene der operativen Entscheidung, für die nur kurze Zeit zur Verfügung steht, aber viele Informationen zu verarbeiten sind (Feld C), wird sowohl deutlich, daß hier der Einsatz von Datenverarbeitungsanlagen am dringendsten ist und den größten Nutzen bringt, als auch - und daraus resultierend - daß die Informationen möglichst schon in verarbeiteter Form, also verdichtet und standardisiert, vorliegen sollten, was gegenwärtig - wie betont - im wesentlichen nur bei numerischen Daten zutrifft. Weil kurzfristige Entscheidungen auf der Basis großer aufbereiteter Informationsmengen nur mit technischer Hilfe sinnvoll getroffen werden können, ist das Feld C in der Matrix in Klammern gesetzt. Ebenso ist das Feld G eingeklammert, weil es wenig sinnvoll erscheint, für Entscheidungen, die erst langfristig getroffen zu werden brauchen, nicht zuvor die notwendigen Informationen zu beschaffen, abgesehen vielleicht von den Verhältnissen bei langfristiger militärischer Planung, bei der zumindest zu einem Teil der benötigten Informationen, nämlich denen des Gegners, der Zugang versperrt ist.

Sind diese Entscheidungsebenen primär von der zur Verfügung stehenden Zeit bestimmt, so beeinflußt die Menge der verfügbaren Informationen besonders die Herausbildung von Organisationsstrukturen. Ein geringer Informationsfluß fördert Führungsprinzipien in Hierarchien, während reichliche und vielseitige Informationen kollektive Entscheidungsgremien begünstigen, ja erforderlich machen. Aus der Matrix lassen sich demnach etwa folgende Organisationsstrukturen für die Entscheidungsfindung ableiten:

Feldergruppe	Organisationsstruktur	Beispiel
A D (G)	Hierarchie	militärische Führung
B E H	Gruppe (Team)	Forschungsinstitut, Unternehmen, Verband
(C) F I	Kollektiv	Großforschungszentrum, Großverband (Staat)

Die Verwendung der Begriffe 'Gruppe' (Team) und 'Kollektiv' in diesem Zusammenhang machen eine - wenn auch relativ willkürliche - Abgrenzung dieser beiden Begriffe notwendig (Lit. 77). Danach soll unter 'Gruppe' ein Entscheidungsgremium verstanden werden, in dem jeder Angehörige zwar Fachmann auf seinem Spezialgebiet ist, jedoch prinzipiell die Fähigkeiten besitzt, auch die Gebiete der anderen an der Entscheidung beteiligten Spezialisten mehr oder weniger zu beurteilen. Entscheidungen werden dabei getroffen (meist) einstimmig durch Konsensus nach gegenseitiger Überzeugung oder (nur im Notfall) nach Mehrheitsbeschluß. Ein Kollektiv, im hier gemeinten Sinne, ist dagegen ein Entscheidungsgremium, in dem der Spezialist nur sein eigenes Fachgebiet überschaut. Entscheidungen werden durch demokratischen Mehrheitsbeschluß herbeigeführt, wobei die Entscheidung des einzelnen auch aus anderen als nur sachlichen Gründen (z.B. Vertrauen zu einem Sachverständigen) bestimmt sein kann.

Für Organisationen mit verschiedenen Entscheidungsebenen, wie sie sich in der Management-Pyramide ausdrücken, stellt sich ein weiteres Problem, nämlich das der Kontrolle der Informationen und Daten, die als Grundlage für Entscheidungen dienen. Aufbereitete und damit verdichtete Informationen, wie sie in Spitzengremien als Entscheidungsgrundlage verwendet werden, basieren immer auf weniger verdichteten Informationen, die wiederum durch Entscheidungen auf anderen Ebenen aufbereitet wurden, bis hin zur Erfassung der Daten bei der Dokumentation als Grundlage für all diese Informationsprozesse. Dort wird ja bereits eine allererste Entscheidung, nämlich die über die Dokumentationswürdigkeit jedes einzelnen Dokumentes oder Datums getroffen. Während der Informationskette zwischen den verschiedenen Entscheidungsebenen und der mit einer

Aufbereitung notwendigerweise verbundenen Selektion von Daten besteht nicht nur die jedem Transformationsprozeß innewohnende Gefahr des Informationsverlustes, sondern auch die Möglichkeit der ungewollten oder auch gewollten Manipulation dieser Daten und Informationen, die dann zu Fehlentscheidungen führen müssen.

Solches zu verhindern ist eine wichtige Aufgabe des Entscheidungsträgers. Dies kann einmal dadurch geschehen,daß die für das gesamte Informationswesen einer Organisation verantwortliche Stelle der Führungsspitze und damit dem obersten Entscheidungsträger dieser Organisation als Stabsstelle direkt angegliedert und unmittelbar unterstellt ist. Zum anderen kann die Auswertung der Dokumente und die Zusammensetzung der verschiedenen Dateien so organisiert werden, daß sich die daraus entstehenden Informationen in ihrer gegenseitigen Ergänzung kontrollieren. Daraus wird deutlich, daß die Steuerung des Informationsprozesses zu einem wesentlichen Teil aus organisatorischen Fragen besteht; andererseits aber auch, daß ein Informationssystem um so besser genutzt werden kann, je funktionsgerechter, und damit informationskonformer, eine Organisation aufgebaut ist, da die Entscheidungsebenen und damit die Führungstätigkeit, wie gezeigt, eng mit dem Informationsfluß verflochten und von diesem abhängig sind. Dies gilt im Grunde gleichermaßen für Verwaltungen, Verbände und Organisationen, einschließlich solcher, die sich mit der Planung, Durchführung oder auch der Vergabe und Förderung von Forschungsvorhaben beschäftigen, besonders aber für Großforschungsprojekte, jedoch auch für Parteien, Fraktionen, Ausschüsse, Beratungsgremien u.ä. und selbstverständlich für den gesamten Bereich der Wirtschaft.

Die Verwendung technischer Hilfsmittel, insbesondere

von EDV-Anlagen, ist dabei von großem Vorteil, nicht nur weil damit sehr große Datenmengen in sehr kurzer Zeit verarbeitet, also z.B. nach verschiedenen Gesichtspunkten geordnet werden, sondern auch die Daten in einem integrierten System im Speicher relativ wertfrei - also unmanipuliert - zur Verfügung gestellt werden können. Dies geschieht dadurch, daß die Daten verschiedenster Herkunft, auch etwa verschiedenen Typen von Informationssystemen entstammen und daß auf den verschiedenen Entscheidungsebenen verschiedene Verarbeitungsprogramme für diese Daten benutzt werden. Das heißt, daß bei der Datenerfassung nicht erkennbar ist, welche Daten mit welchen Verarbeitungsprogrammen Grundlage für welche Entscheidungsebene werden. Basis für ein solches Vorgehen ist ein allgemeingültiger und flexibler Datenerhebungskatalog, der allen Wünschen auf den verschiedenen Benutzungsebenen gerecht wird und die notwendige Kompatibilität für die verschiedenen Verarbeitungsprogramme sicherstellt (Lit. 80).

3.2 Der Ablauf des Entscheidungsprozesses

Der Entscheidungsprozeß wurde als eine Kaskade von Informationsprozessen erkannt. Seine einzelnen Schritte sind in Abb. 13 dargestellt. Dieser Ablauf ist am allgemeinen Entscheidungsprozeß orientiert (Lit. 43), greift jedoch die für eine Forschungsplanung besonders wichtigen Schritte heraus. Er besteht aus einer Reihe von Einzeltätigkeiten, die in einer vernünftigen Reihenfolge, die im Einzelfall jedoch von dem gegebenen Schema abweichen kann, abgewickelt werden. Er braucht auch nicht immer vollständig zu sein, wobei der Grad der Vollständigkeit von der zur Verfügung

Abb. 13 Der Entscheidungsprozeß

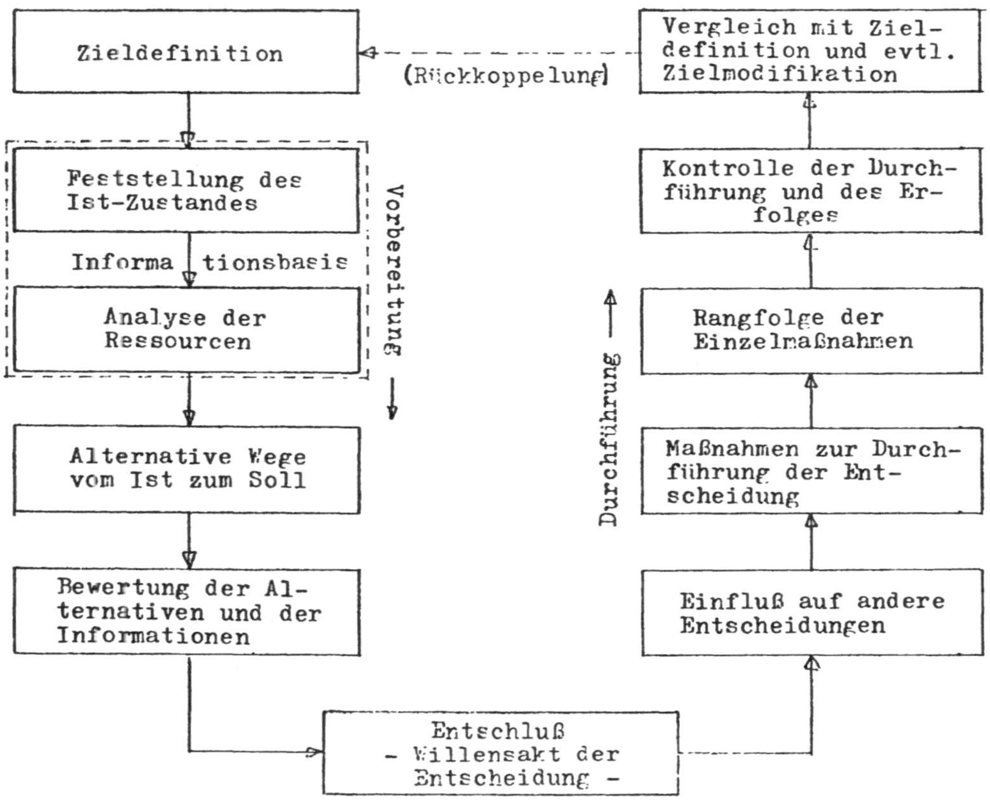

stehenden Zeit, den verfügbaren Informationen, den Ressourcen und der Priorität des Problems abhängt.

- Bereits bei der Zieldefinition treten Informationsprobleme auf, denn kein anzustrebendes Ziel steht allein im Raum. Die exakte Zielformulierung verlangt aber Informationen über alle Bereiche, die das Ziel berühren, beeinflussen oder von ihm beeinflußt werden. Dies trifft ganz besonders für Zieldefinitionen in der Forschungsplanung zu und zwar sowohl bei der wegorientierten als auch der zielorientierten Planung, weil bereits an dieser Stelle durch ausreichende Informationen Fehlentscheidungen vermieden werden können. Diese Informationen grenzen gewissermaßen von außen her den Freiraum ab, der mit neuen Informationen, nämlich den Forschungsergebnissen, ausgefüllt sein soll, wenn das gesteckte Ziel erreicht ist.

- Zur Feststellung des Ist-Zustandes bedarf es einer ganz besonders sorgfältigen Informationsbereitstellung, die sich sowohl aus internen, als auch aus externen Informationen aufbauen muß. Zieldefinition und Feststellung des Ist-Zustandes stehen in Wechselwirkung miteinander und können in der Reihenfolge vertauscht werden. Dies kann besonders in der Forschungsplanung notwendig werden, insofern die Feststellung des Ist-Zustandes häufig Informationslücken aufdeckt und damit oft erst eine vernünftige Zielsuche ermöglicht und somit die Zieldefinition beeinflußt. Für die Feststellung des Ist-Zustandes und für die Zieldefinition kommen vor allem Informationssysteme auf der Basis der Literaturdokumentation (Typ III) in Frage. Dabei kommt für eine Forschungsplanung Dokumentarten, wie Forschungsberichten (Reports), Gutachten, Patentschriften u.ä.

größere Bedeutung zu als etwa Monographien und Handbüchern.

- Eng verbunden mit der Feststellung des Ist-Zustandes ist die Analyse der Ressourcen. Sie wird sich bei Entscheidungen aufgrund einer wegorientierten Planung weitgehend auf den internen Bereich einer Institution beschränken und muß sich sowohl auf das potentielle Wissen, auf das verfügbare Personal, auf vorhandenes Material, wozu auch Geräte und Einrichtungen gehören, als auch auf die zur Verfügung stehenden (finanziellen) Mittel beziehen. Hier werden Informationsprozesse nötig, wie sie vor allem in Verwaltungen ablaufen, und die vornehmlich auf der Dokumentation von Schrifttum, also Akten - z.B. Personalakten, Inventaren etc. - basieren. Aber auch Elemente der Datendokumentation, also statistische Daten und Fakten (Typ I und II), etwa für die Aufstellung von Haushaltsplänen, werden hier relevant. Für eine zielorientierte Forschungsplanung muß die Informationsbasis für die Analyse der Ressourcen besonders breit und gut fundiert sein. Sie macht beispielsweise eine Personaldokumentation aller Wissenschaftler mit ihren speziellen Fähigkeiten, zu denen u.a. auch Sprachkenntnisse gehören, erforderlich.

Die Feststellung des Ist-Zustandes und das Ergebnis der Analyse der Ressourcen bilden zusammen die eigentliche Informationsbasis für die Entscheidungsfindung.

- Der nächste Schritt im Entscheidungsprozeß besteht in der Entwicklung von Alternativen bezüglich der Wege, auf denen das gesteckte Ziel erreicht werden kann. Dies ist das Feld von Planungen, meist komplexer Art, die im wesentlichen zielorientiert - das ganze Spektrum der verfügbaren Informationen ausschöpfen müssen. Die Alternativen werden aufgrund von Erfahrungen entwickelt, die in vergleichbaren Fällen gewonnen wurden. Solche Erfahrungen sollten aber fixiert sein, das heißt, sich in Dokumenten niedergeschlagen haben, aus denen im Bedarfsfalle die notwendigen Informationen entnommen werden können. Der Weg von einem gegebenen Ist-Zustand zu einem durch die Zieldefinition beschriebenen Soll-Zustand stellt aber einen Ablauf dar, der zweckmäßig auch als solcher dokumentiert wird. Für diesen Schritt sind deshalb Informationssysteme besonders interessant, in denen Methoden der Vorgangsdokumentation (Typ V) verwendet werden. Da aber die Entwicklung alternativer Wege ohne entsprechende Kostenanalysen unvollständig wäre, sind auch hier Informationen aus der Datendokumentation (Typ I und II) relevant. Es ist unbedingt erforderlich, die verschiedenen Handlungsalternativen so übersichtlich und in solchem Detail zu beschreiben und darzustellen, daß es dem Entscheidungsträger möglich ist, sich klare Vorstellungen von den Unterschieden der Alternativen zu bilden.

- Die nun folgende Abwägung der möglichen Alternativen gegeneinander ist ein besonders wichtiger Teil der Entscheidungsvorbereitung. Für diese Bewertung stehen eine Reihe von Methoden zur Verfügung, mit deren Hilfe vergleichbare Maßstäbe für die verschiedenen Alternativen und ihre Entwurfskomponenten ermittelt werden können (z.B. 12, 14, 27, 43, 84). Diese Methoden beruhen meist auf der Gewichtung einer Reihe von Kriterien, besonders der Nutzen/Kosten Relation und des Zeitbedarfes durch Punktsysteme, die zum Teil mit Entscheidungstabellen ausgewertet werden (Lit. 109). Die Quantifizierung dieser Kriterien und deren mathematische Bearbeitung täuscht auch hier eine Objektivität vor, die oft einen Ausschlag zuungunsten einer qualitativen Bewertung der Einzelkomponenten gibt. Womit jedoch die Brauchbarkeit quantitativer Bewertungsmethoden als zusätzliches Hilfsmittel nicht bestritten werden soll.

Die Abwägung der Alternativen setzt deshalb auch eine Bewertung aller Informationen voraus, die der Entwicklung der möglichen Wege zugrunde liegen. Eine solche Bewertung, die erst an dieser Stelle erfolgen soll und muß, bedingt aber, daß die Informationen bis hierher wertfrei gelangen und auch vorher keine Wertverschiebung, etwa durch Selektion, stattfindet. Das heißt aber, daß die Informationsbasis möglichst vollständig sein muß, aber auch, daß der Entscheidungsträger nicht mit unnötigen Informationen belastet wird. Daraus folgt, daß einmal die hierbei anzuwendenden Informationssysteme streng benutzerorientiert, ja "maßgeschneidert" sein müssen, zum anderen, daß der Benutzer, in diesem Fall also der Entscheidungsträger, den Informationsprozeß kennt, durchschaut und dadurch in die Lage versetzt wird, die einzelnen Informationen besser zu beurteilen. Notwendige Voraussetzung dazu ist aber eine hinreichende informationswissenschaftliche Ausbildung der Führungskräfte als potentielle Entscheidungsträger oder zumindest eine spezielle intensive Benutzerschulung.

- Auf der Grundlage der bisher geschilderten Schritte, also nach der "Beurteilung der Lage", findet nun der eigentliche Willensakt der Entscheidung statt, in dem sich der Entscheidungsträger zu einer der angebotenen Alternativen entschließt. Bei kollektiven Entscheidungsträgern findet an dieser Stelle, nach entsprechender Diskussion, die Abstimmung über den einzuschlagenden Weg statt. Kommt es zu keinem Entschluß, bzw. zu keiner Einigung, so tritt ein Rückkopplungseffekt ein, indem andere Alternativen entwickelt werden müssen. Dies ist naturgemäß nur bei taktischen oder strategischen Entscheidungen, also solchen,die mittelfristig bzw. langfristig zu treffen sind, möglich. Dafür wird im allgemeinen eine erweiterte oder gar eine neue Informationsbasis mit entsprechenden Recherchen erforderlich. An dieser Stelle erweist sich bereits die Notwendigkeit einer Dokumentation der Entscheidungsfindung, wie sie als Grundlage eines der Typen von Informationssystemen (Typ VI) beschrieben wurde, und die besonders geeignet ist, den Entscheidungsprozeß transparent zu machen. Eine solche Dokumentation soll jedoch nicht nur den Diskurs einer kollektiven Entscheidungsfindung festhalten, sie ist auch sehr nützlich als Protokoll jeder Einzelentscheidung.

Bei kollektiven Entscheidungen, die vornehmlich bei zielorientierten Planungen, etwa in forschungspolitischen Entscheidungsgremien, auftreten und die bei jeder demokratischen Entscheidung die Regel sind, ist ein gut funktionsfähiges Informationssystem für die eigentliche Entschlußbildung besonders wichtig. Dies einmal, damit jeder an der kollektiven Entscheidungsfindung Beteiligte sich schnell und zuverlässig auch über die Einzelheiten des anstehenden Problems orientieren kann, in denen er - gemäß der vorn gegebenen Abgrenzung von "Kollektiv" - kein Fachmann ist. Damit kann einer immer weiter um sich greifenden Expertokratie und der damit verbundenen Einengung der demokratischen Entscheidungsfreiheit entgegengewirkt werden. Zum anderen, weil kollektive Entscheidungsfindung sich über mehr oder weniger lange Fristen hinzuziehen pflegen. In solchem Falle ist eine laufende Information über mögliche Änderungen der Lage erforderlich. Diese kann etwa durch eine die Entscheidungsfindung begleitende aktive Information der Entscheidungsträger bezüglich der Ausgangsdaten mit Methoden der "selective dissemination of information" (SDI) bewerkstelligt werden.

Mit dem Willensakt der Entscheidung ist der Entscheidungsprozeß noch nicht abgeschlossen, sondern er bedarf noch der Festsetzung von Maßnahmen, die geeignet sind, die getroffene Entscheidung in die Tat umzusetzen. Dabei treten wiederum verschiedene Informationsprobleme auf.

- Der nächste Schritt bezieht sich auf die Feststellung des Einflusses, den die eben getroffene Entscheidung auf andere, früher getroffene oder auch noch zu treffende Entscheidungen hat. Keine Entscheidung steht allein, sondern ist eingefügt in ein Netz von Interdependenzen, die häufig gar nicht ohne weiteres zu überblicken sind. Die Abhängigkeiten können dabei schon vorgegeben sein, oder auch erst durch die neue Entscheidung entstehen. Der Erfolg eines Entschlusses hängt wesentlich davon ab, solche Abhängigkeiten rechtzeitig offenzulegen. Voraussetzung dazu ist eine Dokumentation der Zusammenhänge, wie sie als Grundlage für einen besonderen Typ von Informationssystemen (Typ IV) beschrieben wurde. Erfahrungen über den Aufbau solcher Systeme existieren bisher besonders auf dem Gebiet der juristischen "Dokumentation von expliziten Verweisungen in gesetzlichen Vorschriften"

(Lit. 7). Diese Erfahrungen schlagen sich durch die Verwendung besonderer Auswertungselemente bei der Dokumentation von Entscheidungsfindungen nieder (Lit. 49). Der Einfluß einer getroffenen Entscheidung auf andere Entscheidungen kann wieder eine Rückkoppelung auslösen, nämlich dann etwa, wenn dadurch Maßnahmen übergeordneter Entscheidungsträger, wie etwa gesetzliche Vorschriften tangiert werden. Aus diesem Grund kann dieser Schritt als "Feststellung der Systemkonformität" auch vor den eigentlichen Willensakt der Entscheidung gezogen werden. In den meisten Fällen der in einer Forschungsplanung auftretenden Entscheidungsprozesse kann eine solche allgemeine Systemkonformität jedoch vorausgesetzt werden. Ein Vorziehen dieses Schrittes könnte dann aber den Entscheidungsakt selbst stören, zumindest unangemessen verzögern, da die entstehenden Interdependenzen oft nur mit großem Aufwand vollständig festgestellt werden können. Nichtsdestoweniger muß diese Feststellung durchgeführt werden; sie ist jedoch leichter auf eine getroffene Entscheidung bezogen zu bewerkstelligen als auf alle möglichen vor dem Willensakt des Entschließens noch gültigen Alternativen.

Die Festlegung der Maßnahmen zur Durchführung der Entscheidung präzisiert als nächsten Schritt des Entscheidungsprozesses den, durch die Entscheidung aus den vorgeschlagenen Alternativen ausgewählten Weg vom Ist-Zustand zum Soll-Zustand gemäß der Zieldefinition. Sie kann sich auf die dort bereits erarbeitete Informationsbasis stützen, muß diese aber detailliert zukünftigen Handlungen zuordnen. Dafür sind Verfahren der Vorgangsdokumentation (Typ V) nützlich, ebenso wie Methoden der Netzplantechnik u.ä. Mit diesen Mitteln läßt sich bereits vorhersagen, welche Teilziele wann erreicht werden und damit auch welche Daten bzw. welche Dokumente (im weitesten Sinne) entstehen müssen. Im einzelnen ist für jede Maßnahme mindestens festzulegen:

-- Was durchgeführt werden soll, mit einer Bezeichnung, welche die Stellung im Gesamtablauf der Maßnahmen erkennen läßt.

-- Womit die Maßnahme durchgeführt werden soll, das heißt, woher die Ressourcen zu nehmen sind.

-- Wieviel durchgeführt werden soll, womit der Umfang der betreffenden Aufgabe umrissen ist.

-- Wozu die Maßnahme durchgeführt wird, woraus auch folgt, welche anderen Maßnahmen dadurch beeinflußt werden.

-- Wann die Maßnahme begonnen werden muß und wann sie beendet sein soll und schließlich

-- Wer an der Durchführung der Maßnahme beteiligt ist und wer für deren Ausführung verantwortlich zeichnet.

Auf diese Weise wird gleichzeitig die Grundlage geschaffen für die Erhebung der Auswertungselemente, die Voraussetzung der Dokumentation zur Systemüberwachung sind (Typ VII). Liegt bei der Vorbereitung der Entscheidungsfindung die planerische Tätigkeit vor allem bei der Entwicklung der Alternativen beschreitbarer Lösungsvorschläge, so findet die Planung bei der Durchsetzung der getroffenen Entscheidung ihre Hauptanwendung bei der Festlegung der durchzuführenden Maßnahmen. Je kleiner dabei die Einzelmaßnahmen gewählt werden, desto überschaubarer werden zwar komplexe Planungen, desto schwieriger ist es aber häufig, die zu ihrer Durchführung notwendigen Informationen rechtzeitig und koordiniert bereitzustellen.

- Aus diesem Grunde und weil finanzielle, personelle und instrumentelle Mittel im allgemeinen nur in begrenztem Umfang verfügbar sind, müssen eindeutige Rangfolgen für die Abwicklung der zu treffenden Einzelmaßnahmen gesetzt werden. Dieser Schritt steht deshalb in engem Zusammenhang mit dem vorhergehenden. Wenn jener sich - wesentlich wegorientiert - vornehmlich auf problemgerichtete Informationsinhalte stützt, sind für das Setzen der Prioritäten mehr formale, system- oder sogar institutionsbezogene Informationen erforderlich. Entsprechende Informationen sind bereits bei der Analyse der Ressourcen angefallen. Diese gilt es nun den verschiedenen Maßnahmen zeitlich zuzuordnen und besonders für die rechtzeitige Bereitstellung der finanziellen Mittel zu sorgen. Wegen der bereits erwähnten Begrenztheit besonders auch der personellen und apparativen Mittel muß jedoch eine Rangfolge des Einsatzes festgelegt werden. Diese Rangfolge muß nun wieder streng auf das zu erreichende Ziel ausgerichtet sein. Sie ergibt sich einmal aus der logischen Notwendigkeit der Aufeinanderfolge der verschiedenen Maßnahmen. Da es aber für die einzelnen Teilschritte im allgemeinen wiederum Alternativen gibt, müssen auch diese Alternativen gesondert bewertet werden, wobei wiederum vor allem die Komponenten 'Nutzen für die Zielerreichung', 'Aufwand' und 'Zeitbedarf' als bestimmende Kriterien angesehen werden müssen.

- Gehen die bisherigen Schritte zur Durchführung der Entscheidung als Informationsprozesse vom Entscheidungsträger aus, so muß sich bei der Kontrolle der Durchführung und des Erfolgs des getroffenen Entschlusses der Informationsstrom gewissermaßen umkehren. Um diesen Rückmeldemechanismus funktionsfähig zu gestalten, sind einmal organisatorische Maßnahmen erforderlich. Durch sie müssen insbesondere bestimmt werden:
  -- Welche Kontrollgrößen dauernd überwacht werden sollen;
  -- Welche Abweichtoleranzen für die einzelnen Kontrollgrößen erlaubt sind;
  -- Wer von unzulässigen Abweichungen zu unterrichten ist;
  -- Welche Folgen die Abweichungen zum Zeitpunkt ihres Auftretens haben;
  -- Welche Maßnahmen geeignet erscheinen, die Abweichungen zu korrigieren und
  -- Wer für die Durchführung der Kontrollen verantwortlich ist.

Zum anderen ist für die Durchführungskontrolle die Errichtung eines Informationssystems auf der Grundlage einer Dokumentation zur Systemüberwachung notwendig. Die dazu erforderlichen Auswertungselemente ergeben sich vor allem aus den Maßnahmen und deren Rangfolge zur Durchführung der Entscheidung. Die dazugehörigen Inhaltselemente treten jedoch zum Teil schon bei der Feststellung des Ist-Zustandes und der Analyse der Ressourcen auf und werden zweckmäßig schon da integriert erfaßt (Lit. 124). Der Grad der in einem solchen "Monitoring System" erreichten Transparenz bezüglich der Einzelmaßnahmen bestimmt die Möglichkeiten einer sachorientierten Kontrolle.

- Schließlich findet als letzter Schritt des Entscheidungsprozesses der Vergleich des Erreichten, also des angestrebten Soll-Zustandes, mit der am Anfang gesetzten Zieldefinition statt. Im Gegensatz zur Kontrolle der Durchführung, die sich auf vornehmlich die einzelnen Maßnahmen, wenn natürlich auch im Hinblick auf das Ziel, beschränkt, bezieht sich dieser Vergleich auf die Ganzheit des Erfolges. Er stellt sozusagen die abschließende Kritik dar. Diese kann sinnvoll nur durchgeführt werden, wenn der gesamte Vorgang des Entscheidungsprozesses laufend genau protokolliert, also dokumentiert wurde. Unzureichende Ergebnisse können dabei zu einer Modifikation der ursprünglichen Zielsetzung führen. Dies schließt jedoch nicht aus, daß die Notwendigkeit einer solchen Modifikation auch schon an einem früheren Punkt des Entscheidungsprozesses deutlich wird, beispielsweise beim "Einfluß auf andere Entscheidungen", und die restlichen Schritte gar nicht mehr vollzogen zu werden brauchen. Der Vergleich mit der Zieldefinition stellt somit die endgültige Rückkoppelung im Entscheidungsprozeß dar und schließt den Kreislauf. Jeden Entscheidungsvorgang als Kreisprozeß aufzufassen, - also nicht nur bei einer notwendigen Zielmodifikation bei mangelhaftem Erfolg - ergibt sich aus der Tatsache, daß jede getroffene und durchgeführte Entscheidung eine neue Situation schafft und damit ihre Umwelt beeinflußt und verändert. Jeder abgewickelte Entscheidungsprozeß birgt eine Fülle von Erfahrungen und Informationen, die nur durch eine entsprechende Dokumentation des gesamten Prozesses für die Zukunft nutzbar gemacht werden können.

Die Erläuterung der einzelnen Schritte des Entscheidungsprozesses macht deutlich, daß in jeder Phase Informationsprozesse ablaufen, bei denen die verschiedensten Typen von Informationssystemen, teils miteinander verflochten auftreten. Im Prinzip läuft die ganze Kette der Einzelschritte bei jeder Entscheidung ab, wenn sie auch in der Praxis und bei einfachen Problemen nicht immer deutlich voneinander abgesetzt und erkennbar sind. Zwei Komponenten lassen sich jedoch in jedem Fall unterscheiden:

- erstens die Kriterien, aufgrund derer eine Entscheidung getroffen wird, also alles das, was zu der Entscheidung führt und somit Gegenstand der Dokumentation der Entscheidungs<u>findung</u> ist.

- zweitens die Konsequenzen, die sich aus der Entscheidung ergeben, also das, was von der Entscheidung ausgeht und besonders zum Zwecke der Kontrolle Gegenstand einer Vorgangsdokumentation sein muß.

Die detaillierte Darstellung des Entscheidungsprozesses macht weiter deutlich, daß neben der in allen Phasen notwendigen Informationsbasis den Aktivitäten zur Bewertung von Informationen und Alternativen eine ganz besondere Bedeutung zukommt. Jede Bewertungsmethode ist aber letztlich und notwendigerweise subjektiv. Dies schränkt jedoch ihre Brauchbarkeit nicht ein, sofern man sich dieser Tatsache der Subjektivität und der dadurch bedingten Grenzen dauernd bewußt bleibt. Durch die heute weit verbreitete, bereits erwähnte Quantifizierung der Bewertung, etwa durch Punktsysteme und deren weitere Behandlung mit mathematischen Mitteln, wie sie beispielsweise auch in der Psychologie üblich ist, wird jedoch eine Objektivität vorgetäuscht, die nur zu oft die subjektive

Entstehung der Ausgangsdaten, nämlich die Zuteilung der Punkte, vergessen läßt. Es genügt deshalb nicht, nur das summarische Ergebnis einer so herbeigeführten Bewertung mitzuteilen und festzuhalten. Viel wichtiger und interessanter ist die Motivation der Einzelbewertungen, die in eine Dokumentation des Entscheidungsprozesses eingehen muß.

3.3 Entscheidungsebenen und Informationsebenen

Die Fülle der täglich zu treffenden Entscheidungen jeglicher Ebene zwingen auch im Bereich der Entscheidung zur Rationalisierung. Ohne Frage gibt es Problemtypen, die Entscheidungen implizieren, für die Methoden der Rationalisierung im Sinne von Programmierbarkeit angewendet werden können. Programmierbare Entscheidungen setzen aber eine Formalisierung der Entscheidungskriterien voraus. Sie kommen deshalb für Problemtypen in Betracht, in denen die Entscheidungen repetitiv, routinehaft und verfahrensgesteuert sind. Beispiel dafür kann etwa die Entscheidung über die Bestellung von Einzelteilen aufgrund von formatierten Informationen über Lagerbestand und Auftragsvolumen sein. Solche Entscheidungsprozesse treten naturgemäß im wesentlichen auf der operativen Ebene auf. Wegen der Formalisierbarkeit der Entscheidungskriterien beziehen sich vornehmlich auf sie die herkömmlichen EDV-unterstützen Management-Informations-Systeme, die auf dieser Ebene auch erfolgreich eingesetzt werden können.

Demgegenüber sind Entscheidungen nicht programmierbar, wenn sie novativ und ad hoc gesteuert und die Entscheidungskriterien unstrukturiert und nicht formalisierbar sind (Lit. 12). Dies aber ist die überwiegende Zahl der Entscheidungen auf taktischer und besonders auf strategischer Ebene. Bei solchen Entscheidungen spielt der Entscheidungsträger die wesentliche Rolle durch seine Urteilskraft und sein Problemverständnis auf der Basis umfassender, aber gezielter Informationen. Die höheren Entscheidungsebenen erfordern jedoch im wesentlichen Informationen, die nicht ausschließlich eine Verdichtung operativer Daten sind. Das herkömmliche Bild der Entscheidungspyramide (Vgl. Abb. 11) trifft deshalb nicht zu, zumal die Form der Pyramide bestenfalls die Personalstruktur im Management wiederspiegelt, keinesfalls aber die Struktur des Informationsbedarfes auf den verschiedenen Ebenen. Die zur Information eines Entscheidungsträgers notwendigen Systeme müssen sich vielmehr an dessen Funktion und Zuständigkeitsbereich orientieren. Dafür können für jeden Entscheider andere Informationen verschiedensten Typs und unterschiedlichen Aufbereitungsgrades erforderlich sein. Das heißt, die Informationsprozesse müssen nicht nur systemintern, sondern individuell bezogen, also besonders "maßgeschneidert" sein, auch wenn die Daten einer gemeinsamen Informationsbasis entnommen werden. Es erscheint deshalb zweckmäßig, den verschiedenen Entscheidungsebenen auch organisatorisch verschiedene "Informationsebenen" zuzuordnen, die es erlauben, jedem Entscheidungsträger die Informationen funktions- und kompetenzgerecht aufzubereiten.

Dies wurde in Abb.14 darzustellen versucht. Die geschlossenen Kreise der Entscheidungsebenen stellen dabei die jeweiligen Zuständigkeitsbereiche und damit gleichzeitig die Verantwortlichkeit und Kompetenzabgrenzung dar, die mit steigender Ebene größer werden. Parallel zu den Entscheidungsebenen liegen

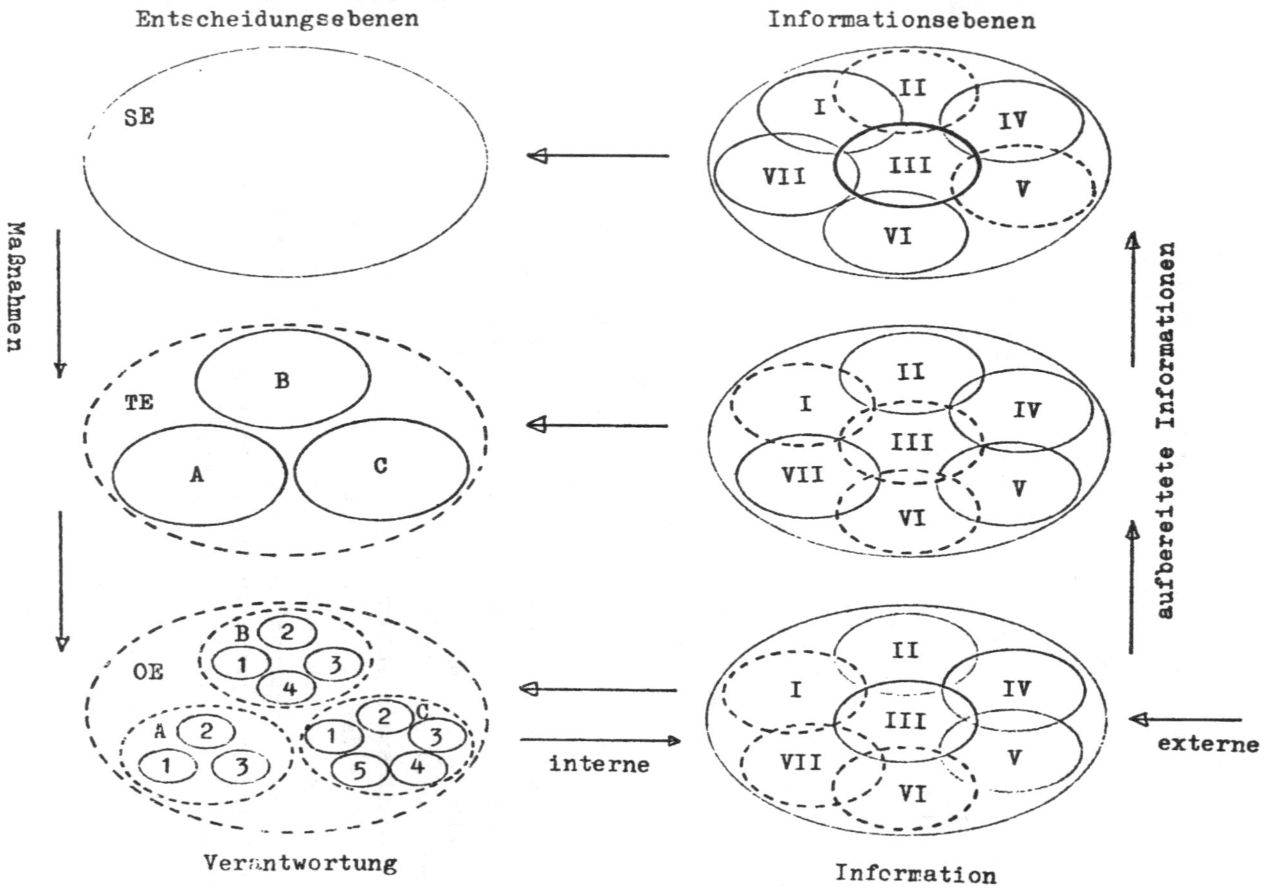

Verantwortung
Kompetenz
Abb. 14 Zuständigkeit

die ihnen entsprechenden Informationsebenen. Sie werden aus der Informationsbasis, die der operativen Ebene zugeordnet ist, gespeist. Diese besteht aus einem komplexen Informationssystem, in dem alle vorn beschriebenen Typen (römische Ziffern) evtl. als eigenständige Subsysteme integriert sind. Ein solches System sollte nach den allgemeinen Entwurfskriterien konzipiert sein. Das heißt, die Daten sind primär nach ihrer Funktion im Dokumentationsprozeß zusammengefaßt. Dadurch wird eine weitgehend wertfreie Informationsbasis geschaffen. Dies schließt jedoch nicht aus, daß innerhalb der einzelnen Datentypen weitere etwa sachbezogene Untergliederungen vorgenommen werden können. Die speziellen Informationssysteme auf den darüber liegenden Ebenen können dann völlig individuell für den betreffenden Entscheidungsträger konzipiert werden. Das heißt aber, daß jeder Datentyp genau den Aufbereitungsgrad erhält,der für eine anstehende Entscheidung erforderlich ist. Der Informationsfluß ist in der Abbildung durch Pfeile nur angedeutet und z.B. der gegenläufige Weg der Kontrollinformationen der Übersichtlichkeit wegen weggelassen. Die Darstellung läßt jedoch bereits eine grobe Organisationsstruktur erkennen, nach der jedem Entscheidungsträger, oder zumindest jeder Entscheidungsebene, ein Informationsspezialist zuzuordnen ist, durch den die vertikale Kommunikation zur Informationsbereitstellung in die horizontale Kommunikation zur Erfüllung der speziellen Benutzerwünsche umgesetzt wird.

Die ausführliche Erörterung der Arten und des Ablaufes von Entscheidungsprozessen sollte die enge Verflechtung dieser Prozesse mit verschiedenen Informationsprozessen und den diesen jeweils zugrunde liegenden Dokumentationssystemen durchschaubar machen.

Die zunehmende Komplexität der Bedingungen, unter denen heute Entscheidungen gefällt werden müssen, - und die "exponentiell wachsende Informationsmenge" ist als Entscheidungsgrundlage eine wesentliche Bedingung - macht ihrerseits als Entscheidungsvorbereitung wiederum komplexe Planungen erforderlich, die einerseits die Konsequenzen möglicher, auch alternativer Entscheidungen aufzuzeigen in der Lage sind, und durch die andererseits der Freiheit des menschlichen Handelns eine objektivere Basis gegeben werden kann. So schließt sich der Kreis zwischen Information, Planung und Entscheidung (Abb. 15), der in sich noch verschiedenen, kybernetischen Regelprozessen folgt und der durch die verschiedenen Ebenen zu der vorn bereits erwähnten mehrstufigen Regelkreishierarchie verbunden wird.

Abb. 15

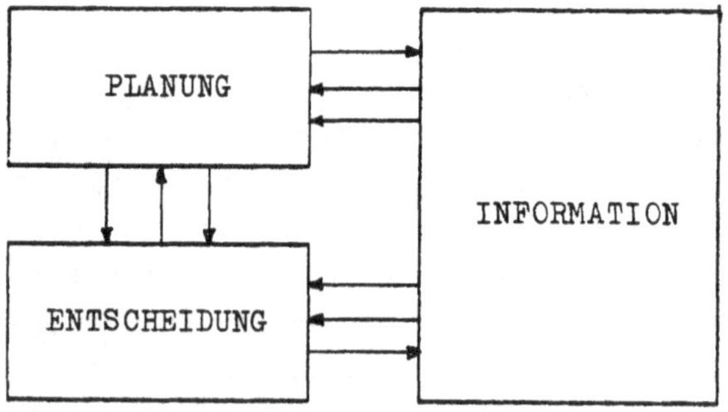

3.4 Forschungsplanung und Entscheidungsprozeß

Forschung wurde als komplexes System probabilistischer Prozesse erkannt und Planung in diesem Zusammenhang als sinnvolle Koordination der verschiedenen Elemente innerhalb dieser Prozesse. Die Koordinierung der Elemente in einem probabilistischen System verlangt aber Entscheidungen an jedem möglichen Verzweigungspunkt des Prozesses. Für eine Forschungsplanung ergaben sich demzufolge Notwendigkeiten sowohl der wegorientierten als auch der zielorientierten Planung. Diese Planungsmethoden können nach der Diskussion des Entscheidungsprozesses ergänzt werden durch die jeweils vornehmlich darin auftretenden Entscheidungsarten. So werden in der wegorientierten Planung einzelner Forschungsvorhaben meist operative Entscheidungen anstehen. In der Forschungspolitik, besonders bei den Problemen der Forschungsförderung, die sich auf zielorientierte Planungen stützt, werden dagegen überwiegend strategische Entscheidungen getroffen. Die Großforschung nimmt auch hier die mittlere Stellung ein, indem dort vorwiegend dispositive Entscheidungen gefällt werden müssen.

4. Forschung als Informationsprozeß

Die Forschungstätigkeit und damit der Forschungsprozeß ließ sich vom informationswissenschaftlichen Aspekt in eine Kette von Informationsprozessen zerlegen, in denen Informationen und die ihnen zugrunde liegenden Daten gesucht, miteinander in Beziehung gebracht, dadurch verändert und schließlich die neugewonnenen Erkenntnisse mitgeteilt werden. Dazu kommt, daß durch die Komplexität moderner Forschung, man denke beispielsweise an die vielfältigen Komponenten des Umweltschutzes oder der Verkehrsplanung, solche Vorhaben ohne eine breite und feinmaschig verknüpfte Informationsbasis nicht rationell durchgeführt werden können (Lit. 78).

Zur Handhabung der wissenschaftlich relevanten Daten werden, wie geschildert, Dokumentationsmethoden verwendet; ihre Nutzung erfolgt wiederum durch Informationsprozesse. Diese Informationsprozesse sind vielfältig, da sie sich sowohl auf den internen Bereich eines konkreten Forschungsvorhabens beziehen und somit Grundlagen für die wegorientierte Forschungsplanung liefern. Gleichzeitig beziehen sie sich aber auch auf den allgemeinen wissenschaftlichen Informationsaustausch, ohne den ein einzelnes Projekt sinnvoll gar nicht begonnen werden kann. Denn jede Forschung beginnt mit der Erfassung, Verarbeitung und Strukturierung des bisher zu dem zu erforschenden Gegenstand erarbeiteten Erkenntnisstandes, also der darüber vorliegenden Daten. Andererseits ist die aus der Forschung hervorgegangene gesammelte komplexe Daten- und Erkenntnismenge nur dann wissenschaftlich und gesellschaftlich von Nutzen, wenn sie niedergelegt, publiziert, erfaßt, ausgewertet, geordnet, gespeichert und selektiv wieder zur Verfügung gestellt werden kann (Lit. 74). Daraus ergibt sich ein Kreislauf von Informationen, in dem Forschungsprozeß und Informationsprozeß alternieren (Abb. 16).

Damit ist aber auch die Informationsbasis für eine zielorientierte Forschungsplanung gegeben, deren eine Aufgabe es ja ist, verstreute einzelne Forschungsvorhaben unter einem ganzheitlichen Gesichtspunkt und besonders dem eines möglichst optimalen Einsatzes der vorhandenen Mittel zu koordinieren. Der Informationsprozeß in der Forschung stellt sich damit zu einem Teil als Kommunikationsproblem dar, zum anderen umfaßt er alle Methoden und enthält alle Komponenten der verschiedenen Typen von Informationssystemen. Probleme der Kommunikation treten für eine wegorientierte Forschungsplanung, für die sie besonders wichtig sind, in anderer Weise auf als für eine zielorientierte Planung.

4.1 Informationsprobleme der wegorientierten Forschungsplanung

Für die praktische Durchführung wegorientierter Planungsaufgaben in der Forschung sind Untersuchungen notwendig, die sich auf der Grundlage der vorstehend erörterten allgemeinen Zusammenhänge und in deren Rahmen auf die besonderen Bedingungen des Forschungsablaufes, das heißt auf die einzelnen Tätigkeiten bei der Erforschung eines Problems, beziehen. Diese Tätigkeiten sind natürlich ebenso wie die übrigen Komponenten eines konkreten Forschungsprozesses für jeden Forschungsgegenstand und für jedes Vorhaben verschieden. Die Aufgabe einer entsprechenden Systemanalyse ist es deshalb unter anderem, dennoch vor-

Forschungsprozeß

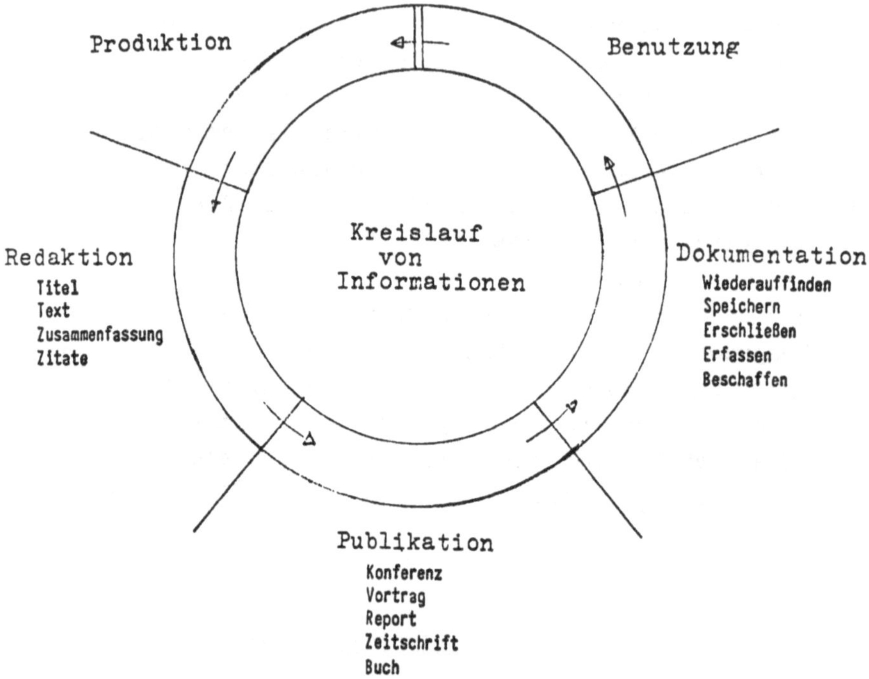

Informationsprozeß

Abb. 16

handene Gemeinsamkeiten herauszufinden und ihren Wirkungsmechanismus deutlich zu machen. Das Ergebnis solcher Systemanalysen zeigt Gemeinsamkeiten auch unterschiedlichster Forschungsprozesse, nämlich einmal in der bereits ausführlich erörterten Kette von Informationsprozessen, als die sich jede Forschung darstellt, zum anderen in der Betrachtung des Ablaufes jedes Forschungsvorhabens als Arbeitsprozeß.

4.11 Forschung als Arbeitsprozeß

Forschung, besonders aber experimentelle Forschung, ist unter einem arbeitswissenschaftlichen Aspekt ein

> "Arbeitsprozeß, bei dem durch Lern-, Such- und Problemlösungsvorgänge auf wissenschaftliche Sachverhalte bezogene Daten erzeugt oder verändert werden innerhalb eines Aktionssystems von Wissenschaftler, Betriebsmittel und Forschungsgegenstand" (Lit. 45).

Mit der Betonung der "auf wissenschaftliche Sachverhalte bezogenen Daten" als Erzeugnis dieses Arbeitsprozesses ist eine deutliche Abgrenzung gegenüber beispielsweise industriellen Arbeitsprozessen erfolgt und gleichzeitig auf den engen Bezug zu Informationsprozessen verwiesen. Trotz dieser Unterschiede lassen sich - bei Berücksichtigung der notwendigen Einschränkungen und Besonderheiten - nach den von der industriellen Arbeit her entwickelten Prinzipien der Arbeitswissenschaft etwa eine Forschungstechnologie, Forschungsbetriebslehre, Arbeitssoziologie in der Forschung u.ä. aufstellen

(Lit. 45, 41, 68). Daß eine Betriebslehre nicht nur für wirtschaftliche Prozesse Gültigkeit hat, sondern auch für probabilistische Systeme mit hohen Freiheitsgraden gültig ist, zeigt deren erfolgreiche Anwendung auch zum Beispiel im Verteidigungsbereich (Lit. 22). In einer solchen betriebswirtschaftlichen Sicht bedarf zunächst das erwähnte Aktionssystem einer näheren Betrachtung.

Das bereits vorn als komplexes System probabilistischer Prozesse beschriebene Aktionssystem von Wissenschaftler, Forschungsgegenstand (Objekt), Forschungsmittel (Methode und Geräte) und Forschungsaufwand (Kosten) kann bei der Anwendung arbeitswissenschaftlicher Methoden durch die Beantwortung folgender Fragen näher untersucht werden:

- Wer macht was? = Arbeitsplatzstudien
- Womit geschieht was? = Geräteeinsatzstudien
- Wo geschieht was? = Raumstudien
- Wann und in welcher Zeit geschieht was? = Zeitstudien
- Wieviel kostet was? = Wirtschaftlichkeitsstudien

Aus der Antwort auf die erste Fragestellung "wer macht was?" ergeben sich Unterlagen für die Personalplanung. Minuziös durchgeführte Untersuchungen über die tatsächliche Tätigkeit, besonders von qualifiziertem Personal und Führungskräften,zeigen, wieviel Leerlauf und Verschleiß durch nebensächliche Beschäftigung gerade in diesem Bereich stattfindet. Nur derartige, bis ins einzelne gehende und mit Zeitstudien gekoppelte Untersuchungen - so unangenehm sie auch sein mögen - können eine falsche Personalstruktur, wie sie sich Häufig gerade an Forschungsinstituten findet, aufdecken.

Die Frage "womit geschieht was?" bezieht sich insbesondere auf den rationellen Einsatz von oft sehr aufwendigen Geräten und Anlagen, wie sie in der modernen Forschung notwendig und üblich sind. Dabei gibt die Analyse nicht nur Aufschluß über die Auslastung solcher Geräte, sondern auch Grundlagen für die Koordinierung biespielsweise der Benutzung durch mehrere, verschiedene Interessenten und in der Folge davon eventuell über den günstigsten Aufstellungsort der betreffenden Anlage.

Damit verbunden ist bereits die dritte Frage "wo geschieht was?" Über eine detaillierte Aufnahme der Wege, die die Mitarbeiter in einem Forschungsinstitut während ihrer Tätigkeit zurücklegen, läßt sich eine weitgehend optimale Raumplanung - im Kleinen wie im Großen - konzipieren; z.B. die Lage der verschiedenen Räume eines Institutes zueinander oder auch die Verlegung von Versorgungsleitungen, Kraftanschlüssen, die Tragfähigkeit von Decken usw. bis hin zum Standort ganzer Institute im Rahmen der gemeinsamen Benutzung von Großanlagen.

Die Frage "wann und in welcher Zeit geschieht was?" bezieht sich nicht nur auf den oben erwähnten zeitlichen Ablauf der verschiedenen Tätigkeiten der Mitarbeiter und auf die zeitliche Koordination der Benutzung von Geräten. Die Komplexität moderner Experimentalforschung verlangt besonders dringend die zeitliche Koordination der verschiedenen Phasen eines Forschungsprogrammes mit den modernsten Methoden des Operation Research, wie z.B. der Netzplantechniken, um Leerlauf und Verzögerungen zu vermeiden.

Schließlich ist die Frage "wieviel kostet was?" und damit die Frage nach der Effektivität der eingesetzten Mittel angesichts der Milliardenbeträge, die die moderne Forschung benötigt, nicht nur ein entscheidendes Planungskriterium für die Wissenschaftspolitik oder das Forschungsmanagement, sondern auch entscheidend für die Durchführung einzelner, konkreter Forschungsvorhaben. Da die meisten solcher Projekte über längere Zeiträume laufen, sind auch beim einzelnen Vorhaben Haushaltspläne und eine diesen konforme Rechnungslegung unabdingbar, um die Durchführung des betreffenden Projektes bis zu dessen vorgesehenem Ziel finanziell sicherzustellen.

Die arbeitswissenschaftliche Analyse eines konkreten Forschungsprozesses ergibt somit detaillierten Aufschluß über die Struktur des betreffenden Aktionssystems und gewährt Einblicke in die wechselseitige Wirkung seiner Elemente. Darüber hinaus liefert sie eine Fülle von Informationen, die sowohl als Planungsdaten fungieren, als auch Elemente der Systemüberwachung darstellen können. Sie bietet damit die Grundlage für eine wegorientierte Forschungsplanung. Andererseits ist der arbeitswissenschaftliche Aspekt jedoch nur ein Teil des gesamten Forschungsprozesses, ein Teil zwar, der bei umfangreichen Forschungsvorhaben und Großprojekten eine sehr wichtige Rolle spielt, nicht zuletzt auch wegen der darin miteingeschlossenen sozialen Bedingungen. Immerhin ist er jedoch der Teil, der sich für jede Forschungseinrichtung noch mehr oder weniger intern regeln läßt und bei dem unterschiedliche Lösungen den Forschungsprozeß selbst nicht nachteilig zu beeinflussen brauchen. Das Funktionieren des beschriebenen Aktionssystems hängt jedoch von zusätzlichen Komponenten ab, die außerhalb rein arbeitswissenschaftlicher Fragestellungen liegen.

4.12 Probleme der Kommunikation

Der zweite wesentliche Teil des Forschungsprozesses stellte sich als eine Kette von Informationsprozessen dar. Daraus ergeben sich während des Arbeitsablaufes Notwendigkeiten des Informationsaustausches, also der Kommunikation, die sich bei einer wegorientierten Forschungsplanung besonders auf die Verhältnisse innerhalb einer Forschungsinstitution beziehen. Die Probleme der Kommunikation lassen sich dabei etwa in drei Gruppen gliedern, ohne daß die Grenzen zwischen diesen Gruppen ganz scharf zu ziehen wären:

- Die erste Gruppe umfaßt die Kommunikation innerhalb eines bestimmten Forschungsprozesses. Damit ist der Einfluß gemeint, den Zwischenergebnisse, also Daten, die während einer Phase des Prozesses an einer Stelle anfallen, auf andere Stellen und den Gesamtablauf dieses Forschungsprozesses ausüben (Lit. 51). Die Zwischenergebnisse treten hier gewissermaßen wie Regelgrößen in einem kybernetischen System auf (Lit. 20). Hierbei werden nicht nur Methoden der numerischen Datenverarbeitung angesprochen, sondern der rückkoppelnde Informationsaustausch vollzieht sich vornehmlich im Verbalen und orientiert sich an dem vorgeplanten Arbeitsablauf, wozu sich sowohl eine Vorgangsdokumentation (Typ V) als auch eine Faktendokumentation (Typ II) als notwendig erweisen.

- Die zweite Gruppe bezieht sich auf die Kommunikation während des Ablaufes eines Forschungsprojektes und hat besondere Bedeutung bei der modernen Gruppenarbeit (teamwork) in der Forschung. Dabei spielen neben der Information der einzelnen Mitglieder eines Teams über den Stand und Fortgang der Arbeiten und der notwendigen Weitergabe bisher erarbeiteter Daten auch soziologische und psychologische Momente eine nicht geringe Rolle. Auch diese müssen bei der Analyse des Forschungsprozesses berücksichtigt werden, weil sich daraus wichtige Aspekte für die Planung ergeben können.

- Die dritte Gruppe besteht aus der Kommunikation mit Partnern außerhalb eines bestehenden oder geplanten Forschungsvorhabens und dient einmal der Beschaffung von Informationen, die oben als der Beginn jeder Forschung bezeichnet wurde, und zum anderen der Mitteilung und Verbreitung der neu gewonnenen Erkenntnisse. Hierbei wird die gesamte informationswissenschaftliche Problematik relevant (Lit. 63). Für die Forschung im allgemeinen und die Forschungsplanung im besonderen liegt der Schwerpunkt dabei in der Notwendigkeit, die Logik des Informationsprozesses mit der Logik des Forschungsprozesses in Einklang zu bringen, wofür zur Zeit nur allererste Ansätze vorliegen (Lit. 50), ebenso wie für weitergespannte systematische Untersuchungen über die Kommunikation in Forschung und Entwicklung (Lit. 83).

Die ersten beiden Gruppen von Kommunikationsproblemen, wesentlich auf den Ablauf eines bestimmten Forschungsvorhabens beschränkt, aber in jedem solchen auftretend, lassen sich im allgemeinen durch organisatorische Maßnahmen und die Überwachung von deren Durchführung lösen. Demgegenüber muß bei der Lösung der Probleme der dritten Gruppe auf allgemeine Informationseinrichtungen zurückgegriffen werden. Da eine Forschungsinstitution aber meistens keinen unmittelbaren Einfluß auf die Gestaltung und den Betrieb solcher öffentlichen Informationseinrichtungen hat, muß der Forscher oder die Projektleitung zumindest über Kenntnisse verfügen, solche Einrichtungen sinnvoll zu benutzen, um das vorhandene Informationspotential möglichst vollständig ausschöpfen zu können. Für größere Projekte und Forschungsinstitutionen ist die Einrichtung einer eigenen Informations- und Dokumentationsstelle zweckmäßig. Eine solche Stelle hat nicht nur die Aufgabe, die Beschaffung der benötigten Informationen durchzuführen, sondern auch die eigenen Forschungsergebnisse in dokumentationsgerechten Publikationen (Lit. 74) zu verbreiten und in den allgemeinen wissenschaftlichen Informationskreislauf einzubringen. Um diese Aufgaben der Kommunikation bestmöglichst erfüllen zu können, sollte eine solche Informationsstelle der Leitung einer Forschungsinstitution bzw.der Projektleitung unmittelbar unterstellt und mit den notwendigen Kompetenzen gegenüber allen Angehörigen der Forschungsgruppe ausgestattet sein.

4.13 Konsequenzen für eine wegorientierte Forschungsplanung

Die Analyse des Forschungsprozesses vom arbeitswissenschaftlichen Aspekt ist geeignet, den Zusammenhang der verschiedenen Tätigkeiten beim Ablauf eines Forschungsvorhabens transparent zu machen und liefert wesentliche Informationen, die für eine wegorientierte Planung solcher Vorhaben benötigt werden. Die dabei entstehenden internen Kommunikationsprobleme können zwar vorwiegend organisatorisch bewältigt werden, sind jedoch bei der Planung von vorn herein zu berücksichtigen, da von ihrer Lösung der reibungslose Ablauf des Vorhabens weitgehend abhängt.

Vom informationswissenschaftlichen Aspekt wird die eigentliche Forschungstätigkeit als eine Abfolge von Prozessen interpretiert, in denen Informationen in Form von Daten gesucht, miteinander in Beziehung gebracht und daraus neue Erkenntnisse als Informationen gewonnen werden. Zu diesem Zweck müssen eine Reihe von Dokumentationsmethoden aktiviert werden, die bestimmten Typen von Informationssystemen zugeordnet sind. Bei den wegorientierten konkreten Forschungsvorhaben kommen dafür besonders Systeme auf der Basis der Dokumentation von Fakten (Typ II), der Dokumentation von Vorgängen (Typ V) in Frage. Entscheidungen werden dabei im wesentlichen auf der operativen Ebene gefällt. Zum Betrieb der Informationssysteme im einzelnen Forschungsvorhaben sind, allerdings abhängig von dessen Umfang, zunächst relativ einfache Hilfsmittel und Methoden wie z.B. Sichtlochkarteien ausreichend. Allerdings ist von vorn herein zu beachten und deshalb bei der Planung zu berücksichtigen, daß die angewendeten Methoden bei steigenden Ansprüchen an die Informationssysteme ausbaufähig sind. Noch wichtiger aber ist, daß sie von vorn herein mit anderen Informationssystemen kompatibel sind, denn kein Forschungsvorhaben steht für sich allein, sondern ist auf die äußere Kommunikation mit anderen Vorhaben angewiesen. Der Forderung nach Kompatibilität kann jedoch Rechnung getragen werden durch Beachtung der informationswissenschaftlichen Erfahrungen und Erkenntnisse beim Entwurf und Aufbau von Informationssystemen (Lit. 79).

Die Kommunikation mit außen, besonders die Beschaffung der Informationsbasis, die als notwendiger Ausgangspunkt jeder Forschung charakterisiert wurde, stellt die Verbindung von den internen Informationsproblemen des einzelnen Vorhabens her zu den übergeordneten allgemeinen oder auch sachbezogenen Informationseinrichtungen. Damit ist ein Berührungspunkt gegeben zu Informationssystemen (z.B. Typ III), deren Etablierung und Betrieb aufgrund von Notwendigkeiten erfolgt, die bereits stark nach einer zielorientierten Forschungsplanung verschoben sind.

Mit zunehmendem Umfang eines Forschungsvorhabens bis hin zur Großforschung nehmen auch die dabei auftretenden Informationsprobleme und die Anforderungen an die Informationssysteme zu. Dies drückt sich unter anderem darin aus, daß zusätzliche weitere Typen von Informationssystemen benötigt werden und andere als bisher in den Vordergrund treten.Dies trifft besonders für die Verarbeitung von Informationen aus der Dokumentation zur Systemüberwachung (Typ VII), also zur Kontrolle und Koordinierung des Ablaufes im Forschungsvorhaben zu. Neben den notwendigen operativen Entscheidungen, die dann zweckmäßig delegiert werden sollten, werden bei Großforschungsvorhaben von der Projektleitung vornehmlich Entscheidungen auf der taktischen Ebene getroffen. Entsprechend den steigenden Informationsproblemen steigt auch der Anspruch an Methoden und technischen Einrichtungen zur Bewältigung dieser Probleme. Dies kann bis zum Einsatz von EDV-Anlagen für diese Zwecke führen. Für die Forschungsplanung ergibt sich daraus noch zwingender die Forderung, die Kompatibilität der verwendeten Informationssysteme zu beachten.

Es zeigt sich, daß zur Lösung der hier anstehenden Informationsprobleme vor allem Kenntnisse, das heißt wiederum Informationen, notwendig sind, über den inneren Aufbau von Informationssystemen, über das Funktionieren der dazu notwendigen Dokumentationsmethoden und über die Möglichkeiten des Einsatzes technischer Hilfsmittel zur Realisierung solcher Systeme. Der Schwerpunkt der wegorientierten Forschungsplanung liegt demzufolge bezüglich der Informationsprobleme auf dem Formalen und Strukturellen.

4.2 Informationsprobleme der zielorientierten Forschungsplanung

Im Gegensatz zur wegorientierten Forschungsplanung, als deren Zweck die Vorbereitung und Durchführung einzelner, konkreter Forschungsvorhaben genannt wurde, ist es Aufgabe einer zielorientierten Forschungsplanung,als Instrument der Forschungspolitik und des Forschungsmanagements Schwerpunkte für die Forschung selbst zu setzen, um die verfügbaren Mittel verantwortlich, sinnvoll und kontrollierbar einsetzen zu können. Diese Aufgabe enthält im wesentlichen zwei Aspekte: einmal das Aufsuchen und Definieren von Zielvorstellungen, nach denen die Forschungspolitik auszurichten ist; das heißt, die Ermittlung von bestehenden Lücken in der Forschung und von besonders zukunftsträchtigen Aufgaben, auf die die Forschungsaktivitäten zu konzentrieren sind. Dies hat besonders für die öffentliche Hand unter Berücksichtigung der und im Einklang mit den internationalen Verhältnissen, etwa denen der Europäischen Gemeinschaft, auf dem Gebiet von Forschung und Entwicklung zu geschehen. Der zweite Aspekt zielorientierter Forschungsplanung bezieht sich auf die Forschungsförderung und damit vornehmlich auf das Forschungsmanagement. Hierbei werden insbesondere Fragen der Prioritätsbestimmung und damit der Bewertung von Forschungsvorhaben im Rahmen der von der Forschungspolitik gegebenen Zielprojektionen relevant, sowie Fragen der Kontrolle, mit dem

Ziel einer sinnvollen und gerechten Mittelverteilung.

Für beide Aspekte entstehen Informationsprobleme, die sich im ersten Falle, der Zieldefinition, vorwiegend auf den Typ der Literaturdokumentation (Typ III), im zweiten Fall mehr auf die Dokumentation von Vorgängen (Typ V), von Entscheidungsfindungen (Typ VI) und Elementen der Systemkontrolle (Typ VII) beziehen, wobei sich jedoch die Probleme beider Bereiche stark überlappen und miteinander verzahnt sind.

Zur Erfüllung dieser Aufgaben ist zunächst einmal ein genauer Überblick über den Stand der Forschung, also eine Ist-Zustands-Erhebung, und eine laufende Beobachtung der weiteren Entwicklung erforderlich. Im Gegensatz zu einem fachlich begrenzten Forschungsprojekt muß sich diese Informationsbasis für Forschungspolitik und -management auf praktisch alle Gebiete erstrecken und auch die Forschungstätigkeit außerhalb der eigenen Grenzen einbeziehen. Das bedeutet aber die Nutzung einer umfassenden Dokumentation nicht nur der Forschungsergebnisse, sondern auch aller laufenden Forschungsprojekte. Die dabei zu bewältigende Menge an Dokumenten und Informationen läßt sich keinesfalls in einem einzigen System verarbeiten, auch nicht beim Einsatz modernster technischer Hilfsmittel.

Erste Ansätze für spezielle Informationssysteme gibt es in der Bundesrepublik Deutschland z.B. durch die Pläne zur Errichtung einer Modell-Datenbank für Förderungsvorhaben beim Bundesministerium für Bildung und Wissenschaft in Zusammenarbeit mit der Gesellschaft für Mathematik und Datenverarbeitung. Auch bei der Stiftung Volkswagenwerk wird an einem Stiftungs-Informationssystem mit ähnlichen Aufgaben gearbeitet. Die Deutsche Forschungs- und Versuchsanstalt für Luft- und Raumfahrt entwickelt ein Informationssystem für Forschungs- und Wirtschaftsplanung. Schließlich wurde in neuester Zeit in Frankfurt eine Stiftung für Hochschul- und Forschungsdokumentation gegründet, die Forschungsergebnisse im universitären Bereich des deutschsprachigen Raumes sammelt.

Entsprechende Dokumentationsvorhaben und Informationsmöglichkeiten gibt es auch andernorts, besonders in den USA bereits. Sie sind jedoch auf verschiedene Institutionen verteilt und arbeiten meist weitgehend unabhängig voneinander. Besonders ausgebaut für die hier zu erörternden Zwecke scheint das Informationssystem der NASA zu sein, die nicht nur in ihren Referateorganen laufend wissenschaftliche Artikel und Reports ihres Fachbereiches anzeigt, die darüber hinaus auch aktiv die Kommunikation zwischen mutmaßlich aneinander interessierten Forschern herzustellen versucht und zudem das ganze System mit modernsten technischen Hilfsmitteln, wie etwa dem Dialogverkehr mit einer EDV-Anlage, betreibt. Andere Informationssysteme wurden eingerichtet, z.B. von der Library of Congress, dem US-Department of Commerce, dem US-Department of Defense und der National Science Foundation. Das 'National Referral Center for Science and Technology' etwa vermittelt Kenntnisse über Quellen und Informationseinrichtungen nach der Frage: wer weiß etwas worüber? Dafür wurde ein umfangreicher Anschriftenkatalog von Forschungsinstituten und Wissenschaftlern durch feinstrukturierte Deskriptoren auf der Basis des LEX-Thesaurus (Lit. 17) erschlossen. Schließlich bietet der 'Science Information Exchange' des Smithonian Institute eine Dokumentation von laufenden Forschungs- und Entwicklungsprojekten, gleichgültig ob staatlich oder privat gefördert, allerdings unter Ausschluß der staatlichen Eigenforschung wie NASA oder USAEC, an. Alle diese Informationsdienste werden mehr oder weniger computerunterstützt betrieben, beziehen sich jedoch meist nur auf begrenzte, wenn im einzelnen auch sehr umfangreiche Teile von Forschung und Entwicklung, sind nicht miteinander verbunden und nur unter Schwierigkeiten miteinander verbindbar. Dazu kommt, daß nach einer neueren Untersuchung des General Accounting Office, des amerikanischen Rechnungshofes, ihre Effizienz nicht besonders hoch ist, was auch dadurch deutlich wird, daß nach Einführung einer Benutzungsgebühr bei einer Institution die Anfragen um 91% zurückgegangen sind (Lit. 137).

Die mit derartigen Informationssystemen gewonnenen Erfahrungen legen deshalb eine Reihe von Verbesserungsmöglichkeiten nahe, die bei der Einrichtung neuer Systeme, besonders solcher, die als Grundlage für eine Forschungsplanung dienen, berücksichtigt werden sollten. Demzufolge müssen den bisherigen Erörterungen entsprechend die Schwerpunkte einer zielorientierten Forschungsplanung bezüglich der Informationsprobleme einmal auf der Schaffung von Einrichtungen liegen, die einen Zugriff zu den Inhalten, auch differenzierten Inhalten von Informationen aus allen Fachbereichen ermöglichen, zum anderen auf der Weiterentwicklung der Methoden zur Bewertung und Kontrolle von Projekten.

4.21 Forschungsplanung durch Informations-Verbund

Die Forderung einer zielorientierten Forschungsplanung nach umfassender, schneller Information über den Stand des Wissens, und damit über die Inhalte, die den gegenwärtigen Erkenntnissen auf den verschiedensten Gebieten zugrunde liegen, deckt sich weitgehend mit den Aufgaben einer allgemeinen, wissenschaftlichen Informationsbereitstellung, sei es im nationalen oder im übernationalen Rahmen. Um die verfügbaren Mittel sinnvoll und gerecht einsetzen zu können, verlangt Forschungspolitik einen gleichmäßigen Überblick über alle Wissensgebiete. Aus der damit verbundenen weiten Streuung und der Menge des zu verarbeitenden Materials ergibt sich wiederum die Notwendigkeit, die Einzelinformationen jeweils so darzustellen, daß sie von den verschiedensten Gesichtspunkten her aufgefunden werden und zugänglich sind, und daß sie beliebig miteinander in Beziehung gebracht und verknüpft werden können. Methodologisch kann dieses Problem durch eine 'integrierte Datenerfassung und -verarbeitung' (Lit. 124, 76) gelöst werden. Die fachliche Breite der zu verarbeitenden Informationen erfordert indes eine arbeitsteilige Lösung etwa im Verbund von Dokumentationsstellen oder Datenbanken zu Informationsnetzen, wofür vorwiegend organisatorische Maßnahmen erforderlich werden (Lit. 27). Schließlich macht die quantitative Fülle des Materials eine möglichst weitgehende Automatisierung durch den Einsatz modernster technischer Hilfsmittel notwendig.

Zur Lösung dieser Art von Informationsproblemen in der Forschungspolitik kann auf Überlegungen und Bestrebungen zurückgegriffen werden, die auch im allgemeinen Informationswesen zum Aufbau von Verbundnetzen führen (Lit. 78, 129, 133). Dafür werden vornehmlich methodologische, organisatorische und technische Möglichkeiten diskutiert, wobei jede dieser Möglichkeiten durch die anderen ergänzt wird und mit ihnen verflochten ist. Die Ergebnisse solcher Diskussionen schlagen sich in Maßnahmen nieder, die in Dokumentationsstellen, Bibliotheken, Archiven und ähnlichen Einrichtungen als Orte der Daten-be-und -verarbeitung im Informationsprozeß realisiert werden müssen, wie etwa die Anwendung des allgemeinen Datenerhebungskataloges (ADEK) für die Herstellung der Kompatibilität bei der formalen Erfassung der Dokumente (Lit. 125).

Die bisher meist geübte Praxis der Expertenbefragung zur Feststellung des Standes der Forschung und zur Projektbewertung als Grundlage für forschungspolitische Entscheidungen hat häufig nicht die erwünschte Klarheit über die tatsächlichen Verhältnisse gebracht. Dies war unter anderem auch ein Anlaß, der neuerdings zur Änderung des Beratungswesens beim Bundesministerium für Bildung und Wissenschaft führte (Lit. 128). Das Beratungswesen sollte deshalb ergänzt werden durch ein Netz von Informationssystemen, das einen umfassenden Zugriff zu den gewünschten Informationen ermöglicht. Die informationellen Voraussetzungen für diesen Teil einer zielgerichteten Forschungsplanung können die forschungspolitischen Entscheidungsträger deshalb am ehesten erreichen, wenn sie alle solchen Bestrebungen zum Verbund fachbezogener Informationsstellen in jeder Weise fördern.

Zur Feststellung des Ist-Zustandes auf allen für eine Forschungspolitik relevanten Gebieten, die im allgemeinen durch die Auswertung der bisher erarbeiteten Forschungsergebnisse erfolgt, welche sich vornehmlich in Berichten und anderen Veröffentlichungen niedergeschlagen haben, kommen vor allem Informationssysteme auf der Grundlage der Literaturdokumentation (Typ III), bedingt aber auch solche der Datendokumentation (Typ II) in Betracht. Der notwendig arbeitsteilige Betrieb von Fachinformationseinrichtungen mit unterschiedlichsten Bedingungen einerseits und die starke gegenseitige Beeinflussung verschiedener, teils weit auseinanderliegender Gebiete in der modernen Forschung - man denke etwa an den Umweltschutz - andererseits lassen die Schwierigkeiten erkennen, die beim Aufbau von Informationsverbundnetzen, selbst so relativ einfacher Typen wie der der Literaturdokumentation, überwunden werden müssen. Diese Schwierigkeiten lassen sich - zumindest bei der Errichtung neuer Informationseinrichtungen - vermeiden, wenn hierbei von einem allgemeingültigen, auf der Grundlage informationswissenschaftlicher Erkenntnisse erarbeiteten Entwurfskonzept ausgegangen wird (Lit. 79) und dessen Komponenten schrittweise in das jeweils konkrete System nach dessen speziellen Bedürfnissen übertragen werden (Abb. 17). Dabei treten wiederum methodologische, organisatorische und technische Probleme auf.

Methodisch sind für die Einrichtung von Informationsnetzen alle jene Kriterien zu beachten, wie sie bereits für den Aufbau komplexer Informationssysteme beschrieben wurden, wobei die Forderung nach Kompatibilität an erster Stelle steht. Kompatibilität zwischen Informationssystemen kann dabei auf verschiedenen Ebenen hergestellt werden, beispielsweise

- Kompatibilität der logischen Struktur der Systementwürfe (Brainware-Kompatibilität)

- Kompatibilität der Programmsysteme (Software-Kompatibilität

- Kompatibilität der technischen Hilfsmittel (Hardware-Kompatibilität)

Vom allgemeinen zum speziellen Informationssystem

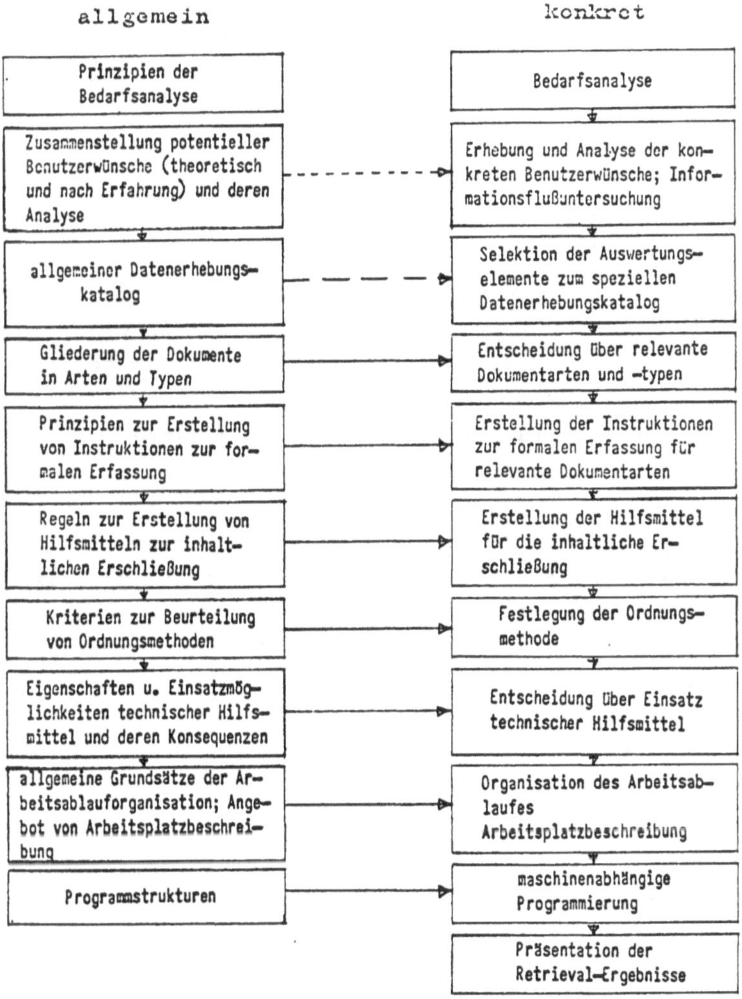

Abb. 17

Diese Ebenen können in Beziehung gebracht werden mit den Stufen bei der Entwicklung eines Informationssystems, die für die Realisierung eines konkreten Systems in Abb. 18 nochmal im einzelnen dargestellt sind. Darin stellen die Rechtecke (I - VI) die Schritte des allgemeinen Entwurfes für jedes Informationssystem dar, während das darüber gelegte Dreieck den Aufbau eines bestimmten Systems auf der Grundlage des allgemeinen Entwurfes andeutet. Daraus wird deutlich, daß die Allgemeingültigkeit bei der Realisierung eines konkreten Systems nach der Wahl der Ordnungsmethoden mit der Festlegung auf bestimmte Organisationsformen und durch die Entscheidung über den Einsatz technischer Hilfsmittel, besonders über deren Fabrikat und Typ, abnimmt.

Das heißt, daß für die Herstellung einer Kompatibilität auf der Ebene der technischen Hilfsmittel alle an dem Verbundsystem Beteiligten zur Benutzung gleicher technischer Anlagen gezwungen sind. Dies trifft besonders bei der Zusammenschaltung von EDV-Anlagen zu, bei der häufig sogar verschiedene Typen des gleichen Herstellers nicht ohne weiteres zusammen passen, so daß - meist aufwendig - Umsetzungseinrichtungen erforderlich werden. Ein unmittelbarer Zugriff zu allen im Gesamtsystem gespeicherten Daten von allen angeschlossenen Stellen aus ist allerdings nur bei einer solchen Hardware-Kompatibilität gegeben.

Etwas flexibler ist dagegen die Herstellung der Kompatibilität auf der Ebene der Software. Dabei sollten beim Betrieb von Informationssystemen unter 'Software' nicht nur die Programme für EDV-Anlagen verstanden werden (auch wenn diese Bezeichnung oft ausschließlich dafür verwendet wird), sondern es sollten darin auch alle anderen Anweisungen und Regeln, durch

Stufen bei der Realisierung eines Informationssystems

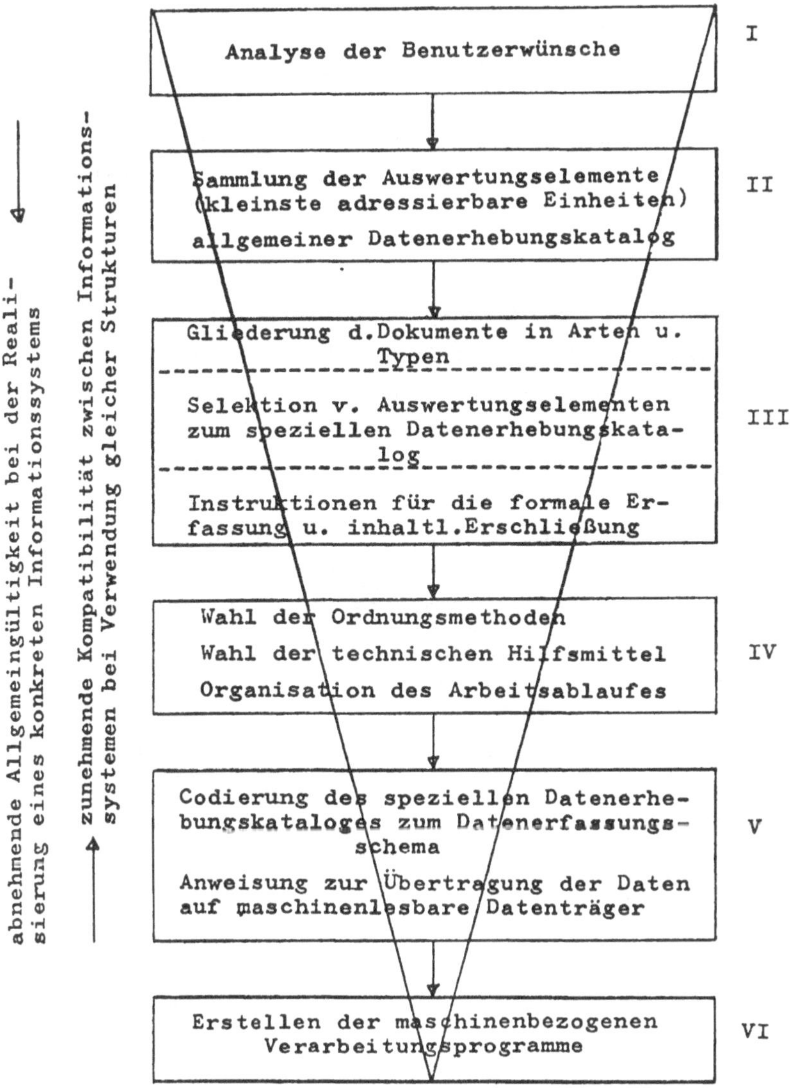

Abb. 18

die der Dokumentationsprozeß in Gang gebracht und gesteuert wird, eingeschlossen werden. Aber bereits bei der Programmierung für EDV-Anlagen ist auf dieser Ebene der Kompatibilität durch moderne, für die nichtnumerische Datenverarbeitung geeignetere, problemorientierte Programmiersprachen eine größere Variationsbreite bei der Wahl der technischen Hilfsmittel gegeben.

Die breiteste Grundlage für die Herstellung der Kompatibilität zwischen Informationssystemen bildet jedoch die Verwendung gleicher logischer Strukturen (Brainware) beim Entwurf dieser Systeme. Beispielsweise kann durch die einheitliche Abgrenzung der Inhalte der Auswertungselemente nach informationswissenschaftlichen Erkenntnissen die Grundlage für eine allgemeine Kompatibilität bereits bei der Datenerfassung gelegt werden. Die Wahl der technischen Hilfsmittel ist dabei noch völlig frei und durch nichts präjudiziert.

Selbstverständlich wäre die größtmögliche Kompatibilität erreicht, wenn sowohl die logische Struktur, die zu verwendenden Anweisungen und Programme, als auch die technischen Einrichtungen in allen beteiligten Systemen genau übereinstimmten. Eine solche vollständige Übereinstimmung ist jedoch in der Praxis kaum erreichbar - abgesehen vielleicht von in sich geschlossenen Informationssystemen mit vielen Datenein- und ausgabestationen, wie etwa Flugkartenbuchungssysteme u.ä., die zudem noch mit vollständig formatierten Daten arbeiten. Sie widerspräche zudem einer pluralistischen Gesellschaftsordnung. Dafür muß die eventuell notwendige Zwischenschaltung von Konkordanzprogrammen u.ä. beim Datenaustausch in Kauf genommen werden. Aber selbst bei der Verwirklichung einer Hardware-Kompatibilität ist eine einheitliche Strukturierung der Daten notwendig, da ansonsten beim Datenaustausch Informationsverluste auftreten, durch die der Wert des gesamten Systems in Frage gestellt werden kann.

Die "Brainware" umfaßt somit alles, was als Grundlagen für den Entwurf allgemeiner, abstrakter Informationssysteme dient und als Hilfen dafür entwickelt wurde, wie z.B. der allgemeine Datenerhebungskatalog (Lit. 125), die Prinzipien zur Erstellung von Instruktionen sowohl für die formale Erfassung als auch für die inhaltliche Erschließung (Lit. 55, 104, 123), die Programmstrukturen (Lit. 79, 39) etc. Die "Software" ist dann das Ergebnis der Transformation der allgemeinen Grundlagen auf die Belange konkreter Informationssysteme (vgl. Abb. 18), also: die Instruktionen zur formalen Erfassung von bestimmten Dokumentarten und -typen; der für die inhaltliche Erschließung anzuwendende Thesaurus, bzw. das Klassifikationssystem; die Anweisung zur Übertragung der Daten auf maschinenlesbare Datenträger; die Verarbeitungsprogramme usw. Die "Hardware" repräsentiert schließlich die technischen Hilfsmittel, angefangen von manuell zu betreibenden Organisationshilfen, wie etwa Karteimittel, über Datenerfassungsstationen, Reproduktionsgeräte, Mikrofilmeinrichtungen bis hin zur Konfiguration von EDV-Anlagen, mit denen jeweils ein konkretes System betrieben wird.

Organisatorische Voraussetzungen für einen Verbund von Informationsdiensten sind einmal notwendig für die Abgrenzung der verschiedenen fachlichen Bereiche, in denen Informationseinrichtungen existieren oder eingerichtet werden sollen. Nur durch eine sinnvolle Koordination aller dieser Vorhaben kann Doppelarbeit und unnötiger Aufwand vermieden werden. Dabei sind selbstverständlich die speziellen Belange jeder

Informationseinrichtung, die an den Verbund angeschlossen werden soll, hinreichend zu berücksichtigen. Die notwendigen organisatorischen Maßnahmen im Zusammenhang mit Informationsprozessen erstrecken sich jedoch nicht nur auf den Zusammenschluß von Informationsdiensten zur gemeinschaftlichen und rationellen Nutzung des vorhandenen Materials, sondern auch und das besonders auf eine informationskonforme und funktionsgerechte Struktur der Organisationseinheiten, in denen Informationsprozesse ablaufen. Damit sind nicht etwa Dokumentationsstellen gemeint, sondern Behörden, Verwaltungen, Forschungseinrichtungen, aber auch Verbände und Wirtschaftsunternehmen, besonders solche, in denen Forschungs- und Entwicklungsarbeiten betrieben werden, die zum Teil heute noch Organisationsformen aufweisen, die mehr vom Stellenplan geprägt sind und oftmals den notwendigen Informationsfluß mehr hemmen als fördern.

Die Realisierung technischer Möglichkeiten beim Verbund von Informationsdiensten sind, unter Berücksichtigung der bei der "Hardware-Kompatibilität" erörterten Einschränkungen, gegenüber den methodischen und organisatorischen Notwendigkeiten heute weniger problematisch als vielmehr eine Sache des Aufwandes, den zu betreiben man willens und in der Lage ist. Technische Hilfsmittel im Dokumentationsprozeß dienen vor allem der Bewältigung der Fülle des zu verarbeitenden Materials. Diese Fülle macht sich besonders in zweierlei Weise bemerkbar: einmal in der Anzahl verschiedener Dokumente und zum anderen in dem Umfang jedes dieser Dokumente. Diesen beiden Komponenten entsprechend sind für den Dokumentationsprozeß als technische Hilfsmittel elektronische Datenverarbeitungsanlagen einerseits und Reproduktions- bzw. Mikrofilmeinrichtungen andererseits von besonderer Bedeutung.

Die enge Verknüpfung des Einsatzes technischer Hilfsmittel mit organisatorischen Maßnahmen und deren Umfang, nur um die verschiedenen Vorhaben innerhalb einer größeren Institution zu koordinieren, wird beispielsweise deutlich am Inhalt des Zweiten Berichtes der Bundesregierung über die Anwendung der elektronischen Datenverarbeitung in der Bundesverwaltung (Lit. 136) und dessen Diskussion in der Öffentlichkeit (z.B. Lit. 89), wobei die gesamte Problematik komplexer Informationssysteme vom Schutz der Privatsphäre des einzelnen bis zur technischen Konfiguration eines "Informationssystems Patentwesen" und der Schaffung einer juristischen Datenbank (Lit. 130, 131) aufgerollt wird.

Aktivitäten zur genaueren Untersuchung der Bedingungen komplexer Informationssysteme, wie sie auch für die Forschungsplanung notwendig sind, werden in neuster Zeit forciert durch vermehrte staatliche Maßnahmen, besonders durch das Bundesförderungsprogramm Information und Dokumentation beim Bundesminister für Bildung und Wissenschaft (Lit. 56, 128) und durch eine interministerielle Arbeitsgruppe zur Entwicklung eines allgemeinen arbeitsteiligen Informationsbankensystems für die Bundesrepublik Deutschland beim Bundesminister des Innern (Lit. 3, 40, 129), die sich vorwiegend mit organisatorischen Maßnahmen beschäftigt.

4.22 Probleme der Bewertung von Projekten

Als zweite, wesentliche Notwendigkeit einer zielorientierten Forschungsplanung wurde die Bewertung von Forschungsprojekten genannt. Diese Notwendigkeit der Projektbewertung ergibt sich aus der Tatsache, daß für die schier unendliche Vielfalt von zu erforschenden Problemen nur ein begrenzter Umfang finanzieller Mittel zur Verfügung steht. Diese Begrenztheit der Mittel macht es erforderlich, Prioritäten für die einzelnen Forschungsvorhaben zu setzen. Solche Prioritäten müssen sich für eine aus öffentlichen Mitteln finanzierte Forschung an gesellschaftspolitischen Maßstäben orientieren. Da Forschung aber keine Güter produziert, sondern Erkenntnisse und Erfahrungen, stellt die Bewertung von Forschungsvorhaben ein besonderes Problem dar, weil der Wert einer Erkenntnis, vor allem deren gesellschaftspolitischer Wert, häufig gar nicht bestimmbar ist. Dazu kommt, daß heute viele Forschungsvorhaben so speziell sind, daß es nicht leicht fällt, überhaupt jemanden zu finden, der sie ebenso gut und vielleicht kritischer beurteilen kann als der Antragsteller (Lit. 97).

Es sollen hier die verschiedenen Bewertungsverfahren und Möglichkeiten zur Prioritätsbestimmung für Forschungsprojekte nicht im einzelnen besprochen werden, weil dafür eine hinreichende Literatur zur Verfügung steht (Lit. 12, 14, 27, 47 und vor allem 84), und eine solche Erörterung im Rahmen des hier zu Diskutierenden nicht notwendig erscheint. Festzuhalten bleibt vielmehr das Grundsätzliche, das den meist verwendeten Bewertungsverfahren gemeinsam ist, nämlich der Versuch, durch Quantifizierung der Bewertungskriterien größere Objektivität zu erreichen. Bewertungen jeder Art, also nicht nur von Projekten, lassen sich aber zurückführen auf die Bewertung einer Reihe von Einzelkomponenten, die ihrerseits wieder durch Informationen präsentiert werden. Somit stellt sich der Bewertungsvorgang als eine Reihe von Informationsbewertungen dar, von denen jede einzelne letzten Endes subjektiv ist.

Für eine zielorientierte Forschungsplanung ergeben sich aus den Tatsachen der Bestrebung nach Objektivität durch Quantifizierung der Bewertungskriterien einerseits und der notwendigerweise subjektiven Beurteilung der diesen Kriterien zugeordneten Informationen andererseits verschiedene Konsequenzen. Zunächst einmal ist für eine Beurteilung der Qualität von Informationen eine Bewertung des Systems erforderlich, das diese Informationen bereitstellt. Es müssen deshalb im Rahmen einer zielorientierten Forschungsplanung auch Verfahren zur Bewertung von Informationssystemen vorgesehen und bereitgehalten werden. Dazu kommt die bereits vorn erwähnte Notwendigkeit der Ausbildung und Schulung der Entscheidungsträger in der Handhabung und Beurteilung von Informationen. Die Projektbewertung selbst stellt sich dann als Summe der Beurteilung verschiedener Einzelinformationen dar und bildet, gemäß der Schritte im Entscheidungsprozeß, eine der wesentlichsten Entscheidungsgrundlagen. Entscheidungen werden aber im Bereich der Forschungspolitik und der Forschungsförderung auf hoher Ebene und im allgemeinen kollektiv getroffen. Die von jedem Angehörigen des Kollektivs primär subjektiv getroffenen Beurteilungen gehen in die Gesamtbeurteilung ein und führen zu einer Entscheidung, die dann häufig als objektiv apostrophiert wird, weil 'objektive', das heißt quantitative, Bewertungsmethoden angewandt wurden. Aus diesen Zusammenhängen kann die Wichtigkeit einer detaillierten Dokumentation der Entscheidungsfindungen und deren Verarbeitung in einem entsprechenden Informationssystem (Typ VI) besonders deutlich werden, da durch sie die persönlichen Motive der Entscheidungsbeteiligten von den sachlichen Fakten getrennt werden. Eine zielorientierte Forschungsplanung muß aber gerade auch auf die Motivationen bereits ergangener

Entscheidungen zurückgreifen können.

Schließlich sind Bewertungen von Projekten in der Forschungsplanung nicht nur als Entscheidungsvorbereitung von Bedeutung, sondern sie haben auch eine wesentliche Funktion bei der Projektkontrolle, also dem Teil des Entscheidungsprozesses, der die Durchsetzung einer getroffenen Entscheidung beinhaltet und ebenfalls Gegenstand einer zielorientierten Planung sein muß. Die dabei auftretenden Informationsprobleme führen unmittelbar zu den Problemen der Berichterstattung über laufende Projekte, denn nur aus diesen Berichten können die Informationen zur Beurteilung eines noch nicht abgeschlossenen Forschungsvorhabens entnommen werden. Solche Bewertungen sind womöglich noch schwieriger als jene zur Prioritätsbestimmung, da sie durch eine positive Entscheidung für den Beginn des betreffenden Projektes in gewisser Weise präformiert sind, andererseits aber auch zeitweilige Rückschläge in einem Vorhaben nicht unbedingt etwas über dessen endgültigen Erfolg aussagen. Trotzdem sollte sich kein Entscheidungsträger scheuen bei begründet vermuteter Erfolgslosigkeit eines Projektes, dieses abzubrechen, auch wenn er damit seine eigene ursprüngliche Entscheidung korrigieren muß. Voraussetzung für die Bewertung laufender Projekte sind Informationssysteme auf der Grundlage der Dokumentation von Vorgängen (Typ V), deren Auswertungselemente allerdings auf die speziellen Bedingungen der Kontrolle laufender Projekte eingestellt sein müssen.

Bewertungen von Forschungsprojekten müssen heute nicht nur wegen der Beschränkung der für die Forschung verfügbaren Mittel durchgeführt werden, sondern in zunehmendem Maße auch von Gesichtspunkt der Erhaltung oder Wiederherstellung einer menschenfreundlichen

Umwelt. Nicht das prinzipiell Machbare, und sei es noch so interessant, sondern der Bezug eines Vorhabens zur Verbesserung der Lebensbedingungen sollte entscheidendes Kriterium für dessen Bewertung sein (Lit. 87). Bei der Komplexität moderner Forschung und der Vielfalt der anstehenden und zu lösenden Probleme ist eine solche Beurteilung nur auf der Basis von Informationen möglich, wie sie durch eine sehr differenzierte Dokumentation der Zusammenhänge (Typ IV) bereitgestellt werden.

Für die Verteilung der Mittel, besonders öffentlicher Mittel, sollte deshalb der Grundsatz gelten, "nicht nur das Richtige, sondern das Schwererwiegende zu tun" (Lit. 82). Dabei kann zur Feststellung dessen, was "richtig" ist, nur eine vollständige, rechtzeitige und qualitativ hervorragende Information dienen; das "Schwererwiegende" muß durch eine abwägende Bewertung ermittelt werden, während das "Tun" in der kontrollierten Durchführung der getroffenen Entscheidung besteht. Bewertungen, die, wie gezeigt, notwendigerweise subjektiv sind, können demzufolge weniger durch quantitative Bewertungsverfahren als vielmehr durch Verbesserung der Informationsgrundlagen objektiver gemacht werden.

4.23 Konsequenzen für eine zielorientierte Forschungsplanung

Probleme der Information als Grundlage für die Forschungsplanung, besonders die zielorientierte Planung der Forschung, stellen sich nach den bisherigen Erörterungen als sehr vielfältig dar. Insofern sie sich auf die Bereitstellung von Informationen über den

Stand des Wissens in den verschiedensten Fachgebieten beziehen, kann und muß auf die fachspezifischen Informationseinrichtungen zurückgegriffen werden. Eine zielorientierte Forschungsplanung kann ihrerseits jedoch darauf Einfluß nehmen, die Effizienz solcher fachlichen Informationseinrichtungen zu steigern. Dies kann einmal dadurch geschehen, daß die entsprechenden Einrichtungen gefördert werden unter der Auflage, die besonderen Anforderungen für die Planung, etwa durch Beachtung der Kompatibilitätskriterien, zu berücksichtigen. Zum anderen sollten die Planungsträger Untersuchungen fördern, die sich mit den - noch weitgehend fehlenden - allgemeinen Grundlagen für den Entwurf von Informationssystemen als Voraussetzung für einen reibungslosen Informationsaustausch beschäftigen. Bei den fachgebundenen Informationseinrichtungen, durch die die Informationsbasis für eine zielorientierte Forschungsplanung sichergestellt werden muß, wird es sich in der Hauptsache um Informationssysteme auf der Grundlage der Literaturdokumentation, sowie solchen der Datendokumentation, also die Typen III sowie I und II handeln.

Neben dieser allgemeinen Informationsbasis, aus der ja nur ein Teil der für die Erhebung des Ist-Zustandes als Entscheidungsvoraussetzung notwendigen Informationen gewonnen werden können, sind für eine zielorientierte Forschungsplanung noch zusätzliche, spezielle Informationseinrichtungen erforderlich. Diese beziehen sich zunächst einmal auf die Bereitstellung von Informationen, die geeignet sind, Unterlagen für die Analyse der Ressourcen, wie sie als zweiter Schritt bei der Entscheidungsvorbereitung beschrieben wurde, zu liefern. Dazu gehören vor allem Unterlagen über verfügbares Personal, und zwar sowohl Wissenschaftler als auch wissenschaftlich ausgebildete Hilfskräfte, vornehmlich solches mit Spezialausbildung. Dazu gehören weiter Unterlagen über vorhandene Geräte und Anlagen, wenigstens ab einer bestimmten Größenordnung sowie, und das ist besonders wichtig, über deren Auslastung. Bestrebungen für die Dokumentation solcher Daten gibt es bereits, wie etwa die "Anlagensuchkartei" der Kernforschungsanlage Jülich, die "Einkaufskommission" der Gesellschaft für Kernforschung Karlsruhe, die "Geräteliste" der Deutschen Forschungs- und Versuchsanstalt für Luft- und Raumfahrt als Bestandteil des Forschungswirtschaftsplans, die Kartei "großer Geräte" bei der Deutschen Forschungsgemeinschaft, die besonders einen genauen Überblick über die dort vorhandenen Datenverarbeitungsanlagen und deren Kapazität und Ausnutzung gibt, oder die von der Max-Planck-Gesellschaft 1970 gegründete "Garching-Instrumenten-Gesellschaft zur industriellen Nutzung von Forschungsergebnissen mbH" sowie das Experiment beim Institut für Plasmaphysik der MPG, bei dem die technischen und organisatorischen Daten der vorhandenen Großgeräte in Form einer "technischen Dokumentation in das Computerprogramm" (Lit. 132) eingespeichert werden sollen. So begrüßenswert derartige Aktivitäten sind, durch die das dringende Bedürfnis nach solchen Informationen unterstrichen wird, ist doch zu befürchten, daß die verschiedenen Maßnahmen nicht aufeinander abgestimmt sind, etwa bezüglich der zu erhebenden Auswertungselemente, so daß der forschungspolitische Entscheidungsträger nicht mit homogenen Informationen rechnen kann. Immerhin ist es schon ein Vorteil, daß er sich dabei an nur relativ wenige Stellen um Auskunft wenden muß, um einen einigermaßen vollständigen Überblick über vorhandene Großanlagen zu bekommen. Die für solche Zwecke der Ressourcen-Ermittlung notwendigen Informationssysteme basieren vor allem auf der Dokumentation von

Fakten (Typ II) (wozu weitgehend auch Personaldaten als "Eigenschaften von Personen" zu zählen sind) und auf statistische Daten (Typ I).

Eine weitere, über die üblichen Belange von allgemeinen Informationseinrichtungen hinausgehende, für eine zielorientierte Forschungsplanung jedoch besonders wichtige Informationsgrundlage ist die Berichterstattung über laufende Projekte. Sie schlägt sich in Gutachten, Berichten, ja Korrespondenzen u.ä. nieder, also Dokumenten, die sich bezüglich Form und Inhalt wesentlich von denen der Literaturdokumentation unterscheiden. Solche Informationen ergänzen einmal die für die Entscheidungsvorbereitung notwendige Ist-Aufnahme und erlauben diese auf den aktuellsten Stand zu bringen. Zum anderen liefern sie Unterlagen zur Kontrolle der Durchführung der aufgrund der Entscheidung getroffenen Maßnahmen.In der Forschungspolitik und der Forschungsförderung tragen sie zudem, gewissermaßen als Rückkoppelungseffekt, zur Entscheidung darüber bei, ob ein bestimmtes Projekt weitergeführt, modifiziert oder abgebrochen wird.

Für die Handhabung solcher Dokumente im Informationsprozeß sind Methoden erforderlich, wie sie vergleichsweise etwa in einem Verwaltungsinformationssystem angewendet werden, in dem vorwiegend Dokumenttypen des Schriftgutes, etwa Akten,(zum Unterschied vom Schrifttum der Literaturdokumentation) verarbeitet werden. Besonders charakteristisch dafür ist, daß durch die periodische Fortschreibung der jeweiligen Projektergebnisse wiederum Informationssysteme auf der Basis der Vorgangsdokumentation (Typ V) notwendig werden. Durch zusätzliche Aufnahme von Daten über die bisher aufgewendeten Mittel, Zeitverschiebungen etc. in die periodischen Meldungen wird nicht nur eine detaillierte Plan- und Erfolgskontrolle ermöglicht, sondern auch die Voraussetzungen geschaffen, jederzeit erschöpfende Auskunft über laufende Projekte an übergeordnete Gremien, wie etwa dem Ausschuß für Bildung und Wissenschaft oder dem Haushaltsausschuß des Bundestages,zu geben, wie dies neuerdings durch die Erstellung sogen. "Leistungspläne" (Lit. 127) durch das Bundesministerium für Bildung und Wissenschaft vorgesehen ist. Gesammelt würden solche Informationen zweckmäßig bei einer "Koordinierungsstelle" für alle aus öffentlichen Mitteln geförderten Forschungsprojekte, die gleichzeitig beauftragter Planungsträger für die forschungspolitischen Entscheidungsgremien sein könnte.

Das Informationssystem einer solchen Koordinierungsstelle, die gleichzeitig als Modell für andere Forschungsträger, etwa in der Wirtschaft, dienen kann, hätte zunächst die Aufgabe, laufend die notwendigen Unterlagen für die Forschungsplanung von den externen Informationsstellen zu beschaffen. Außerdem wären die genannten, speziellen Informationseinrichtungen weiterzuentwickeln oder - soweit noch nicht vorhanden - aufzubauen. Dies sollte stufenweise auf der Grundlage des allgemeinen Konzeptes für den Entwurf von Informationssystemen geschehen, wie er als informationswissenschaftliche Erkenntnis geschildert wurde (vgl. Abb. 17). Eine der wesentlichsten Voraussetzungen dafür ist die Erarbeitung eines speziellen Datenerhebungskataloges, in dem alle für eine Forschungsplanung und -kontrolle notwendigen Auswertungselemente zusammengefaßt und ihrem Inhalt nach abgegrenzt werden. Dieser Datenerhebungskatalog muß insbesondere auch Auswertungselemente über Auftraggeber und Empfänger von Forschungsaufträgen, über Personal, aufgewendete Mittel, Haushaltsdaten, Planungszeiträume, aber auch Daten über Anlagen und Geräte, Standorte, Kapazitätsauslastungen etc. enthalten. Darüber hinaus sind Untersuchungen der bei der Berichterstattung auftretenden und verwendeten Dokumentarten und -typen erforderlich, mit dem Ziel, diese nach Form und Inhalt einheitlich und vor allem dokumentationsgerecht zu gestalten.

Zweite wesentliche Voraussetzung für ein solches Forschungsplanungs-Informationssystem ist die Schaffung von Hilfsmitteln zur Erschließung der Inhalte sowohl von Anträgen auf Förderung von Projekten als auch der Forschungsberichte. Problematisch dabei ist die Notwendigkeit einer vieldimensionalen Inhaltserschließung. Die übliche klassifikatorische Zuordnung von Forschungsprojekten zu Sachgebieten reicht erfahrungsgemäß nicht aus, um die möglichen Interdependenzen von verschiedenen Projekten hinreichend transparent zu machen. Dies ist jedoch unabdingbar einmal, um doppelte Bearbeitung von Problemen zu vermeiden, sofern sie nicht ausdrücklich gewollt sind, zum anderen und besonders aber auch, um Erfahrungen auch aus anscheinend weit auseinander liegenden Forschungsvorhaben zusammenbringen zu können. Außerdem ist eine vieldimensionale Auswertung der Forschungsergebnisse Voraussetzung sowohl für deren Innovation - Innovation verstanden als "sozialökonomischen Prozeß der Umsetzung neuen, technisch anwendbaren Wissens in gesellschaftlich relevante technische Neuerungen" (Lit. 105) - als auch, und damit zusammenhängend, für das frühzeitige Erkennen von etwa umweltschädigenden Konsequenzen, die aus ihnen resultieren könnten, denn "die Wissenschaft kann sich nicht leisten, unter dem Motto, sie suche die Wahrheit und sonst nichts, die Wirkungen, die sie auf das Leben ausübt, nicht zu bedenken (Lit. 114). Instrument für die Verarbeitung solcher

Informationen ist vor allem die Dokumentation von Zusammenhängen (Typ IV). Als dafür adäquates Verfahren der inhaltlichen Erschließung bietet sich nach dem derzeitigen Erkenntnisstand auf diesem Gebiete allein die Thesaurus-Methode an (Lit. 61, 62, 102, 118).

Schließlich wäre es Aufgabe einer solchen "Koordinierungsstelle" (oder wie immer man sie nennen mag) die Motivationen zu sammeln und zu erschließen, die zur Annahme aber auch zur Ablehnung von Projektanträgen geführt haben. Solche Unterlagen, in denen Meinungen, Positionen und Argumente festgehalten sind, zeigen über längere Zeiträume nicht nur den Trend der Forschungspolitik auf, sondern können durch kritische Würdigung ihrerseits Argumente für die Forschungsplanung liefern. Die notwendigen Informationen dazu können durch eine entsprechende Dokumentation der Entscheidungsfindungen (Typ VI) bereitgestellt werden.

Informationsprobleme bei der Planung wissenschaftlicher Forschung ergeben sich somit sowohl bei der Planung selbst, als auch bei den aus ihr resultierenden Entscheidungsprozessen. Zur Lösung dieser Probleme stehen informationswissenschaftliche Erkenntnisse und eine Reihe verschiedener Typen von Informationssystemen mit unterschiedlichen Methoden zur Verfügung. Dies trifft ebenso für eine zielorientierte, wie für eine wegorientierte Forschungsplanung zu. Zur Realisierung eines Forschungsplanungs-Informationssystems, also eines Systems zur Information über Forschung, das den beschriebenen, vielfältigen Anforderungen besonders einer zielorientierten Planung genügen soll, ist die Errichtung eines komplexen Systems erforderlich, das wegen seines Umfanges zweckmäßig als integriertes Informationssystem mit verschiedenen Subsystemen und im Verbund mit anderen, fachbezogenen

Datenbanken betrieben wird, etwa wie es in Abb. 10 dargestellt wurde. Durch die Erörterung der Zusammenhänge bei der Forschungsplanung wird die Wichtigkeit der Information in der Forschung allgemein in ganzer Breite deutlich. Deshalb kann umgekehrt Forschung in den Informationswissenschaften als Voraussetzung für bessere Informationsmöglichkeiten in der Forschung angesehen werden und damit auch als Grundlage für eine Verbesserung der Forschungsplanung.

5. Schlußbemerkung

Die Darstellung der Informationsprobleme bei der Forschungsplanung hat gezeigt, daß Informationen und deren Umsetzung wesentlichstes Kriterium nicht nur für die Planung, und zwar jede Planung, und für die Entscheidungsfindungen sind, sondern auch für die Forschung als solche. Daraus geht hervor, daß Informationsprobleme die Klammern zwischen Planungsprozeß, Entscheidungsprozeß und Informationsprozeß bilden und darüber hinaus Informationen durch ihre steuernde Funktion innerhalb dieser Prozesse als wichtiges Mittel der Rückkoppelung im kybernetischen Sinne betrachtet werden können.

In den übergeordneten, wissenschaftlichen Rahmen gestellt müssen die Informationswissenschaften nach ihrer in den letzten Jahren erfolgten wissenschaftlichen Rechtfertigung durch die explizite Darstellung ihres Systems von Begriffen, Sätzen und Regeln den Strukturwissenschaften zugeordnet werden, also den Wissenschaften, die sowohl als eigenständige Wissenschaft bestehen, als auch durch ihre Anwendung in Wissenschaften anderen Typs diese durchdringen können. Danach ist Informationswissenschaft eine Formalwissenschaft, da sie die Theorien für allgemeine Entwurfskonzepte liefert; sie findet sich in den Realwissenschaften, indem sie Aufbau und Funktion konkreter Informationssysteme beschreibt; sie hat Teil an den interpretierenden Wissenschaften, indem sie die Objektivierung von Bewertungsvorgängen (nicht der Bewertung selbst) ermöglicht. Indirekt wirkt sie außerdem in allen drei transklassischen Wissenschaftsbereichen insofern prozessuale, kybernetische Betrachtungsweisen unvollständig wären ohne wissenschaftliche Fundierung ihrer regelnden Funktionen durch Informationsverarbeitung. Damit sind aber gleichzeitig auch die

Grenzen jeder kybernetisch-prozessualen Betrachtungsweise abgesteckt: Nämlich durch die Tatsache, daß solche Art der Betrachtung zwar in bisher nicht dagewesener Weise die Zusammenhänge zwischen den verschiedensten Elementen in Prozessen aufzuzeigen in der Lage ist, daß aber in jedem "lernenden System" (vgl.Abb. 4) die Verhaltensänderung letztlich nicht durch quantitative Parameter sondern durch qualitative Erwägungen in freiem Entschluß herbeigeführt werden, also nicht gesteuert sind, sondern selbst steuern!

Das Erkennen der Information in ihrer Bedeutung für alle menschlich-gesellschaftlichen Zusammenhänge, die sich nicht zuletzt in der Wirkung der Massenkommunikationsmittel wie Funk und Fernsehen ausdrückt, ist das eigentliche Kriterium nicht nur des Überganges vom industriellen zum sogenannten nachindustriellen Zeitalter, sondern kann, durch Einführung der kybernetischen Betrachtungsweise in eingangs geschildertem Sinne, gleichzeitig als Ende der Polarisation zwischen den Wissenschaften angesehen werden, wie sie seit etwa NEWTON Naturwissenschaften und Geisteswissenschaften trennte. War das industrielle Zeitalter hauptsächlich durch die Begriffe "Rohstoff" und "Arbeit" geprägt und wurde die Wissenschaft dieser Zeit vorwiegend von dem Komponentenpaar "Materie" und "Energie" und den Prinzipien der determinierten Kausalität der klassischen Mechanik beherrscht, so tritt heute als dritte, wesentliche Komponente die Information in den Vordergrund (Lit. 121), deren Stellenwert Carl Friedrich v. WEIZSÄCKER bestimmt, wenn er sagt: " Die heutige Physik legt uns nahe, drei Grundwesenheiten zu unterscheiden: Materie, Energie und Information. Philosophisch möchte ich zu der Annahme neigen, daß sich die Drei letzten Endes auf eine gemeinsame Wurzel zurückführbar erweisen werden, die unter dem Namen "Information" noch am deutlichsten bezeichnet ist!"

Literaturverzeichnis

(1) Adam, Adolf
Stichwort: Informationstheorie
in: Handwörterbuch der Organisation
Hrsg. Erwin Grochla
C.E. Poeschel Verlag, Stuttgart 1969

(2) Adam, Adolf
Informatik. Probleme der Mit- und Umwelt
Opladen 1971, Westdeutscher Verlag, 133 S.

(3) Auernhammer, Herbert
Information, Dokumentation und Datenverarbeitung in der öffentlichen Verwaltung
in: Dokumentation und Information
Hrsg. Lutterbeck, Ernst
Umschau Verlag, Frankfurt/Main 1971

(4) Bahrdt, Hans-Paul
Soziologische Probleme der Forschungsverwaltung
Atomzeitalter, 2(1964), S. 13

(5) Balke, S.
Informationswissenschaften und technische Sicherheit
Technische Überwachung (TÜ) 11 (1970), Nr. 9, S. 291ff.

(6) Beer, Staffort
Kybernetik und Management
Fischer Verlag, Reihe "Welt im Werden" 1963

(7) Berger, Albrecht
Die Erschließung von Verweisungen bei der Gesetzesdokumentation
Band 3 der Reihe: Informationssysteme, Grundlagen und Praxis der Informationswissenschaften
Verlag Dokumentation, München-Pullach 1971, 240 Seiten, ISBN-3-7940-3453-8

(8) Bense, Max
Klassifikation in der Ontologie
in: Grundlagenstudien aus Kybernetik und Geisteswissenschaft, Band 4, Heft 1, S. 12-26
Quickborn 1963

(9) Blake, Stewart B.
Forschung, Entwicklung und Management
R. Oldenbourg, München, Wien 1969

(10) Borgmann, W.
Hanselmann, I (Hrsg.)
Herausforderung durch die Kybernetik. Ein Beitrag zum Problem Kybernetik und Geisteswissenschaft
Spee-Verlag, Trier, 1970

(11) Bundesministerium für Bildung und Wissenschaft
Referat IV A 4 : Entwurf
"Der Bereich Information und Dokumentation innerhalb des Bundesförderungsprogramms Information und Dokumentation"
Maschschr. Mskr. Bonn, März 1971

(12) Chartrand, Robert L.; Janda, Kenneth; Hugo, Michael (Hrsg.)
Information Support, Program Budgeting and the Congress
Spartan Books, New York 1968

(13) Clausewitz, Carl von
Vom Kriege
1. Auflage, Berlin 1832/39
17. Auflage, Bonn 1966

(14) Coenen, Reinhard
Aufgaben und Methoden der Forschungsplanung
in: Ziele und Wege rationaler Forschungsplanung
Schriftenreihe des Bundesministers für wissenschaftliche Forschung, H.9, Forschungspolitik
Gersbach & Sohn Verlag, München 1969

(15) Deutsch, Karl W.
Politische Kybernetik
Modelle und Perspektiven
Verlag Rombach, Freiburg im Breisgau, 1969

(16) Dohnanyi, Klaus von
Zentralisation der Macht und Dezentralisation des Wissens
in: Deutschland ohne Konzeption?
München 1964

(17) Engineers Joint Council
Thesaurus of Engineering and Scientific Terms
(Prepared in cooperation with The Department of Defense)
First Edition, December 1967
Engineering Joint Council
345 East 47th Street, New York, N.Y. 10017

(18) Erler, Brigitte
Die Entwicklung von Hilfsmitteln für die Dokumentation von Vorgängen, dargestellt am Projekt: Entwurf eines Dokumentationssystems in der Abteilung wissenschaftliche Dokumentation des Deutschen Bundestages.
Studiengruppe für Systemforschung, Heidelberg, Bericht Nr. 101
Verlag Dokumentation, München-Pullach, 1971

(19) Fehl, Gerhard
Informationssysteme, Verwaltungsrationalisierung und die Stadtplaner
Taschenbücher des Deutschen Verbandes für Wohnungswesen Städtebau und Raumplanung e.V., Band 13
Stadtbau-Verlag, Bonn 1971
ISBN-3879440433

(20) Flechtner, Hans Joachim
Grundbegriffe der Kybernetik
Eine Einführung
Stuttgart: Wissenschaftliche Verlagsgesellschaft, 1966, 152 Abb., 423 S.
(Bücher der Zeitschrift Naturwissenschaftliche Rundschau)

(21) Frank, H.
Kybernetik und Philosophie
Berlin 1966

(22) Gerber, Johannes
Betriebslehre für Streitkräfte
Köln 1967
Markus Verlag GmbH
173 S.

(23) Gerwin, Robert
Gesteuerte Wissenschaft
BP-Kurier, 20 (1968) Heft 3, S. 38-42

(24) Gesellschaft für Verantwortung in der Wissenschaft
Möglichkeiten und Maßstäbe für die Planung der Forschung
Vortragstagung in Mannheim vom 18. - 20. Februar 1972
(Bericht darüber von K. Rudzinski, "Zwang und Not der Forschungsplanung", in FAZ, Nr. 51, vom 1.3.1972, S. 23)

(25) Görlich, J. Wolfgang
Naturwissenschaften und Kybernetik
in: Hochschulinformationen, 4(1966) S. 131

(26) Gordon, T. J.; Helmer, Olaf
Report on a Long-range Forecasting Study
The Rand Corporation, Sept. 1964, p. 5
(Gordon-Helmer-Bericht)
deutsch: 50 Jahre Zukunft
Hamburg 1966

(27) Gresser, Klaus; Paschen, Herbert; Schwuchow, Werner
Die Kosten der wissenschaftlichen und technischen Information
Informationssysteme
Grundlagen und Praxis der Informationswissenschaften, Band 1
Verlag Dokumentation, München-Pullach und Berlin 1970
ISBN 37940 3451 1

(28) Grochla, Erwin
Handwörterbuch der Organisation
C. H. Poeschel Verlag, Stuttgart 1969

(29) Grochla, E.; Szyperski, N. (Hrsg)
Management-Informationssysteme
Betriebswirtschaftlicher Verlag
Dr. Th. Gabler, Wiesbaden 1972, 866 S.

(30) Günther, G.
Das Bewußtsein der Maschinen
Baden-Baden 1963

(31) Günzl, H. Christof
Einführende Bemerkungen zur wirtschaftspolitischen und geistesgeschichtlichen Bedeutung der Kybernetik
Sozialpolitische Korrespondenz, 15 (1966)
Aktueller Sonderdienst, 25 S.

(32) Häfele, Wolf
Die Projektwissenschaften
in: Radius, 3 (1965) S.5

(33) Häusler, Joachim
Planung als Zukunftsgestaltung
Voraussetzungen, Methodik und Formen der Planung in soziotechnischen Systemen
Betriebswirtschaftlicher Verlag, Dr. Th. Gabler GmbH, Verl.Nr. 3494, Wiesbaden 1969, 104 S., 81 Lit, 14 Abb.
Fortschrittliche Unternehmensführung, Schriftenreihe des Berliner Arbeitskreises für betriebliche Führungskräfte, Band 1

(34) Haseloff, Otto Walter
Strategie und Planung
in: Der Griff nach der Zukunft
München 1964

(35) Heidegger, Martin
Zur Sache des Denkens
Max-Niemeyer-Verlag, Tübingen 1969

(36) Heisenberg, Werner
Bremer Beiträge
1965

(37) Heitler, Walter
Die geistigen Elemente der Naturwissenschaft und ihre menschenbildende Kraft
Universitas, 24 (1969) H.7, S.741-752
Wissenschaftliche Verlagsgesellschaft Stuttgart

(38) Hellmich, Rheinhard
Entwicklung eines Planungssystems für Unternehmungen
Versuch einer allgemeinen Grundlegung
Winterthur 1970

(39) Hirsch, Hans-Joachim
Programmstrukturen für komplexe Informationssysteme
Studiengruppe für Systemforschung e.V.
Heidelberg (erscheint Mitte 1972)

(40) Hölder, Egon
Informationsbankensystem für die Bundesrepublik Deutschland
in: Dokumentation und Information
Umschau Verlag, Frankfurt/Main 1971

(41) Holzkamp, Klaus
Wissenschaft als Handlung
Berlin 1968

(42) Klimesch, Herbert
Information Management System (IMS)
IBM-Nachrichten, 19. Jg. (Juni 1969)
Heft 195, S. 720-728

(43) Koelle, H.H. u.a.
SEPP, Systematische Entscheidungsvorbereitung politischer Probleme,
analysen und prognosen, Juli 1969, S. 12-19

(44) Koreimann, Dieter S.
Methoden und Organisation von Management-Information-Systemen
Walter de Gruyter und Co,
Berlin, New York 1971
154 S., 38 Abb., ISBN 3110035529

(45) Krauch, Helmut
Forschung als Arbeitsprozeß
Studiengruppe für Systemforschung, Bericht Nr. 68
Heidelberg, Februar 1966

(46) Krauch, Helmut
Die organisierte Forschung
Heidelberg 1966

(47) Krauch, Helmut
Prioritäten für die Forschungsplanung
- Hanser Umweltforschung -
Carl Hanser Verlag München, 1970

(48) Krauch, H.; Kunz, W.; Rittel, H. und Rationalisierungskuratorium der Deutschen Wirtschaft (Hrsg)
Forschungsplanung
Eine Studie über Ziele und Strukturen amerikanischer Forschungsinstitute
R. Oldenbourg Verlag, München, Wien 1966, 283 S.

(49) Kunz, W.; Meyer-Uhlenried, K.-H.; Rittel, H.
Die Entwicklung eines Informationssystems für den Deutschen Bundestag
in: GI Gesellschaft für Informatik (Hrsg)
Information Retrieval Systeme (IRS)
Management Information Systeme (MIS)
Stuttgart, 9.-11. Dez. 1970
(Vorabdruck der Vorträge)

(50) Kunz, Werner; Rittel, Horst
Zur Logik von Forschung und Dokumentation
Einige Strategien für den Entwurf "freundlicher" Informationssysteme für die wissenschaftliche Forschung
Die Naturwissenschaften, 55(1968), H. 8, S. 358-361

(51) Kunz, Werner; Rittel, Horst
Forschung und Information
in: Ziele und Wege rationaler Forschungsplanung
Schriftenreihe des Bundesministers für wissenschaftliche Forschung, Heft 9, Forschungspolitik
Gersbach & Sohn Verlag, München 1969

(52) Kunz, Werner; Rittel, Horst
Issues as elements of information systems
Working Report. Center for Planning and Development Research
University of California, Berkeley 1970

(53) Kunz, Werner; Rittel, Horst (Hrsg)
Systemanalyse und Informationsverarbeitung in der Forschung
R. Oldenbourg Verlag, München, Wien 1970

(54) Kunz, Werner; Rittel, Horst
Die Informationswissenschaften
R. Oldenbourg Verlag, München, Wien 1972

(55) Laisiepen, Klaus; Lutterbeck, Ernst; Meyer-Uhlenried, Karl-Heinrich
Grundlagen der praktischen Information und Dokumentation. Eine Einführung
= DGD Schriftenreihe, Band 1
Verlag Dokumentation, München-Pullach und Berlin 1972
XVIII, 652 S., 9 Taf., 95 Abb., 595 Qu.
ISBN 3-7940-3600-X

(56) Lechmann, Heinz
Bundesförderungsprogramm Information und Dokumentation
in: Dokumentation und Information
Umschau Verlag, Frankfurt/Main 1971

(57) Lewit, Awinadaw
Widerspruch zwischen Form und Inhalt der Informationstheorie
Ideen des exakten Wissens
(1969) Heft 5, S. 301-306

(58) Linnert, Peter
Clausewitz für Manager
Strategie und Taktik der Unternehmensführung
München 1971
Verlag Moderne Industrie
Wolfgang Dummer und Co.

(59) Lohmar, Ulrich
Wissenschaftsförderung und Politik-Beratung
Kooperationsfelder von Politik und Wissenschaft in der Bundesrepublik Deutschland
C. Bertelsmann Verlag, Gütersloh 1967
Library of Congress Catalog Card Number 68-17663 (Bestellnr. 6529)

(60) Lompe, Klaus
Gesellschaftspolitik und Planung
Probleme politischer Planung in der sozialstaatlichen Demokratie
Verlag Rombach, Freiburg 1972, 356 S.

(61) Lutterbeck, Ernst
Versuch einer Systematik der Ordnungslehre
in: 25 Jahre Dokumentationsstelle für Bautechnik 1941-1966
Fraunhofer Gesellschaft zur Förderung der angewandten Forschung e.V. (Hrsg)
München 1966, S. 117-126

(62) Lutterbeck, Ernst
Die Ordnungslehre in der Dokumentation
Lehrinstitut für Dokumentation (LID)
Schrift-Nr. 1
Frankfurt/Main 1968

(63) Lutterbeck, Ernst (Hrsg)
Dokumentation und Information
Auf dem Wege ins Informationszeitalter
Probleme und Methoden
Umschau-Verlag, Frankfurt/Main 1971

(64) Lutterbeck, Ernst
Informationswissenschaften und Informatik. Versuch einer Abgrenzung
in: Dokumentation und Information
Umschau-Verlag, Frankfurt/Main 1971

(65) Lutz, Claus A.
Organisationsprobleme politischer Planung
Aus Politik und Zeitgeschichte
Beilage zur Wochenzeitung "Das Parlament"
B 43/71; 23. Oktober 1971

(66) Lutz, Theo
Formale Aspekte des Informationssystems und Schlußfolgerungen für ein MIS
IBM-Nachrichten, 22. Jg., Nr. 209,
Februar 1972, S. 54-59

(67) Maser , Siegfried
Wissenschaftstheoretische Grundlagen der Kybernetik
IBM-Nachrichten, 18.(April 1968), Heft 188,
Seite 101-111

(68) Mellerowicz, Konrad
Forschungs- und Entwicklungstätigkeit als betriebswirtschaftliches Problem
Freiburg, 1958

(69) Menke-Glückert, Peter
Methoden und Voraussetzungen der Bildungsplanung
Deutsche Universitätszeitung 1/1966

(70) Menke-Glückert, Peter
Friedensstrategien
Wissenschaftliche Techniken beeinflussen die Politik
rororo, Rowohlt Taschenbuch Verlag, R 77
Reinbek bei Hamburg, August 1969

(71) Menke-Glückert, Peter
Informations-Management
Editorial
analysen und prognosen, Juli 1969

(72) Meyer, Karl-Heinz F.
Wartesysteme mit variabler Bearbeitungsrate
Lecture Notes in Economics and Mathematical Systems
Series: Institut für Gesellschafts- und Wirtschaftswissenschaften der Universität Bonn, Nr. 61
Springer-Verlag, Berlin, Heidelberg, New York 1971, ISBN 3-540-05710-2

(73) Meyer-Uhlenried, Karl-Heinrich
Bericht über die Arbeiten der Section "Documentation Automatique" (DOCA) vom Oktober 1960 bis Februar 1961
Communauté Europeenne de l'Energie Atomique (EURATOM),
Direction Générale Recherches et Enseignement, Rapport DOCA N° 1, Mars 1961
auszugsweise abgedruckt in:
Automatisierung der Dokumentation und Information in der Aufgabenstellung der CETIS der EURATOM
Nachrichten für Dokumentation 12(1961) H. 1, S. 6-10

(74) Meyer-Uhlenried, Karl-Heinrich
Der Kreislauf von Informationen und einige seiner kritischen Stellen vom Standpunkt der Dokumentation
Nachrichten für Dokumentation 18 (1967), H. 6, S. 225-236

(75) Meyer-Uhlenried, Karl-Heinrich
Möglichkeiten der Systemanalyse bei der Planung wissenschaftlicher Forschung
Nachrichten für Dokumentation 19(1968), H. 6, S. 208-214

(76) Meyer-Uhlenried, Karl-Heinrich
Systemanalyse und Entwurf eines integrierten, automatisierbaren Informations- und Dokumentationssystems
dargestellt am Projekt:
"Entwurf eines Dokumentationssystems in der Abteilung Wissenschaftliche Dokumentation der Verwaltung des Deutschen Bundestages"
2. überarbeitete Auflage
Studiengruppe für Systemforschung e.V., Heidelberg, Bericht Nr. 97
Verlag Dokumentation, München-Pullach und Berlin 1971

(77) Meyer-Uhlenried, Karl-Heinrich
Information und Dokumentation als Entscheidungsgrundlagen
Vortrag gehalten anläßlich des 2. Seminars 'Führungsinstrumente der Zukunft' veranstaltet vom Institut für Sozial- und Wirtschaftspolitische Ausbildung e.V. in Berlin, am 15.3.1971 (Manuskript)

(78) Meyer-Uhlenried, Karl-Heinrich
Notwendigkeiten und Möglichkeiten integrierter Informations- und Dokumentationssysteme
in: Dokumentation und Information
Auf dem Weg ins Informationszeitalter
Umschau-Verlag, Frankfurt/Main 1971

(79) Meyer-Uhlenried, Karl-Heinrich
Grundlagen für den Entwurf von Informations- und Dokumentationssystemen
Arbeitspapier der Studiengruppe für Systemforschung e.V., Heidelberg
März/April 1972

(80) Meyer-Uhlenried, Karl-Heinrich; Krischker, Uta
Die Entwicklung eines Datenerfassungsschemas für komplexe Informationssysteme
Band 4 der Reihe: Informationssysteme, Grundlagen und Praxis der Informationswissenschaften
Verlag Dokumentation, München-Pullach und Berlin 1971
ISBN 3-7940-3454-6

(81) Michailow, A.J.; Cernyi, A.J.; Giljarevskij, R.S.
Informatik - eine neue wissenschaftliche Disziplin
Informatik 16(1969) Nr. 1, S. 5-11

(82) Moltke, Helmuth von
Erinnerungen, Briefe, Dokumente 1877-1916
herausgegeben von Eliza v. Moltke
Verlag, Der Kommende Tag
Stuttgart 1922

(83) Neubauer, K.W.; Schwarz, G.;
Schwuchow, W.
Kommunikation in Forschung und Entwicklung
Band 1, Möller, U. (Hrsg)
Übersicht über die Problematik
Ergebnisse einer ersten empirischen Studie
Verlag Dokumentation, München-Pullach und Berlin 1972
ISBN 3-7940-3291-8; 200 S.

(84) Paschen, Herbert; Krauch, Helmut
Methoden und Probleme der Forschungs- und Entwicklungsplanung
Oldenbourg Verlag, München Juni 1972

(85) Picht, Georg
Prognose, Utopie, Planung
Stuttgart 1967

(86) Picht, Georg
Die Situation des Menschen in der Zukunft der technischen Welt
Rundbrief der Vereinigung Deutscher Wissenschaftler, Nr. 28
(zitiert nach Alexander Mitscherlich: Die Stadt der Zukunft, FAZ vom 2.5.1967)

(87) Picht, Georg
Ökologische Krise und industrielle Planung
VCI-Broschüre "1. Umweltforum"
Schriftenreihe: Chemie und Fortschritt
VCI 1972

(88) Platon
Gorgias 511d
nach: Burnet, Ioannes
Platonis opera, Tomus III
Scriptorum classicorum bibliotheca Oxoniensis
Oxonii 1957

(89) Podlech, A.
Verfassungsrechtliche Probleme öffentlicher Datenbanken
Die öffentliche Verwaltung (1970), H. 13/14, S. 473-475

(90) Preuss, Ulrich K.
Wissenschaftspolitik und Planung
Blätter für deutsche und internationale Politik 1/1966

(91) Rittel, Horst
Zur wissenschaftlichen und politischen Bedeutung der Entscheidungstheorie
in: Forschungsplanung
R. Oldenbourg Verlag, München, Wien 1966
283 S.

(92) Rölle, H.
Man Machine Decision System statt MIS
Management-Informationssysteme- Konzeptioneller Rahmen und gegenwärtige Anwendung
adl-nachrichten
Zeitschrift für Informationsverarbeitung
Heft 66/71, 16. Jg., Jan-Febr., S. 10-16

(93) Rudzinski, K.
Das parlamentarische Unbehagen an der Wissenschaft
(Bericht über die 3. Konferenz des Europarates "Parlament und Wissenschaft" in Lausanne, April 1972)
FAZ, vom 19. April 1972, Nr. 91, S. 33/34

(94) Schäfer, Christoph
Datendokumentation und Datenbewertung
in: Dokumentation und Information
Umschau-Verlag, Frankfurt/Main 1971

(95) Schelsky, Helmut
Einsamkeit und Freiheit
Hamburg 1963

(96) Schelsky, Helmut
Planung der Zukunft
in: Soziale Welt, 2/1966

(97) Schiel, Carl-Heinz
Bewertung von Forschungsvorhaben
in Loccumer Protokolle Nr. 19/1965

(98) Schnelle, Eberhard
Entscheidung im Management
Quickborn 1966

(99) Schischkoff, Georgi
Kybernetik und Ganzheitsforschung
Zeitschrift für Ganzheitsforschung, Neue Folge, 10(1966) H. 2, S. 81-97

(100) Schober, H.W.; Wersig, G.
Informations- und Dokumentationswissenschaft
Nachrichten für Dokumentation 19 (1968)
S. 116-124

(101) Schober, Hans-Werner; Wersig, Gernot
Tendenzen der Information und Dokumentation in Praxis und Wissenschaft
in: Dokumentation und Information
Umschau-Verlag, Frankfurt/Main 1971

(102) Soergel, Dagobert
Klassifikationssysteme und Thesauri
Hrsg: Deutsche Gesellschaft für Dokumentation
Frankfurt/Main 1969

(103) Soergel, Dagobert
Dokumentation und Organisation des Wissens
Versuch einer methodischen und theoretischen Grundlegung am Beispiel der Sozialwissenschaften
Ordo Politicus, Bd. 13, hrsg. von Dieter Oberndörfer
Duncker und Humblot, Berlin 1971
ISBN 3-428-024419

(104) Steinmüller, W. (Hrsg)
Die Systemanalyse als Hilfsmittel für den Entwurf von Informationssystemen
J. Schweitzer Verlag, Berlin 1972

(105) Stöber, Gerhard J.
Forschung und Innovation
in: Ziele und Wege rationaler Forschungsplanung
Schriftenreihe des Bundesministers für wissenschaftliche Forschung, H. 9
Forschungspolitik
Gersbach & Sohn Verlag, München 1969

(106) Stoltenberg, Gerhard
Forschungsplanung - Möglichkeiten und Grenzen
Kieler Vorträge, gehalten im Institut für Weltwirtschaft
Neue Folge Nr. 47, Kiel 1966

(107) Szczesny, Gerhard
Das sogenannte Gute
Vom Unvermögen der Ideologen
Rowohlt Verlag, Reinbek bei Hamburg 1971
ISBN 3-498-06097-X

(108) Tenbruck, Friedrich H.
Zu einer Theorie der Planung
in: Wissenschaft und Politik
Heidelberg 1966

(109) Thurner, Reinhold
Entscheidungs-Tabellen
Aufbau-Anwendung-Programmierung
Düsseldorf 1972
VDI-Verlag, 94 S., 8 Abb., 27 Tab.
(VDI-Taschenbücher, T33)
ISBN 3-18-40-3033-4

(110) Wagner, Friedrich
Die Wissenschaft und die gefährdete Welt
Eine Wissenschaftssoziologie der Atomphysik
2. Auflage, München 1969
C.H. Beck'sche Verlagshandlung
582 S., 851 Lit.

(111) Wahl, Manfred P.
Grundlagen eines Management-Informations-Systems
Band 2 der Reihe: Wirtschaftsführung-Kybernetik-Datenverarbeitung
Hermann Luchterhand Verlag, Neuwied 1969

(112) Weismann, H.M.
Information and the discipline of communication sciences
in: Parameters of information science
Proc. of the Amer. Doc. Inst., Vol 1, Annual Meeting Philadelphia, Pa. Oct.5-8, 1964, p. 8-12

(113) Weizsäcker, Carl Friedrich Freiherr von
Die Zukunft der Wissenschaft
in: Das 198. Jahrzehnt
Christian Wegener Verlag, Hamburg 1969
abgedruckt auch in: "Die Zeit", vom 12. Dez. 1969, Nr. 50, S. 51-53

(114) Weizsäcker, Carl Friedrich Freiherr von
Die Lebensbedingungen der wissenschaftlich-technischen Welt und die Öffentlichkeit
Festvortrag vor dem Münchner Presseclub am 30. Juni 1970
vgl. Süddeutsche Zeitung Nr. 166 vom 13. Juli 1970, S. 7

(115) Weizsäcker, Carl Friedrich Freiherr von
Die Einheit der Natur
Carl Hanser Verlag, München
2. Auflage 1971
ISBN 3-446-11386

(116) Wersig, Gernot;
Meyer-Uhlenried, Karl-Heinrich
Versuche zur Terminologie in der
Dokumentation. I.: Sprache
Nachr.Dok. 20(1969)3,S. 116-123
Versuche zur Terminologie in der
Dokumentation. II.: Kommunikation
und Information.
Nachr.Dok. 20(1969)5, S. 199-204, 15 Qu.
Versuche zur Terminologie in der
Dokumentation III.: Dokumentation
Nachr. Dok. 21(1970)1, S. 14-19, 18 Qu.
Versuche zur Terminologie in der
Dokumentation IV. : Dokumentations-
systeme und -verfahren
Nachr. Dok. 21 (1970) 3, S. 98-103

(117) Wersig, G.; Lutterbeck, E.
Das Informationssystem als Gegenstand
der Informationswissenschaften und
Informatik
in: GI Gesellschaft für Informatik (Hrsg)
Information Retrieval Systeme (IRS)
Management Information Systeme (MIS)
Stuttgart, 9.-11. Dez. 1970
(Vorabdruck der Vorträge)

(118) Wersig, Gernot
Klassifikation und Thesaurus als
Dokumentationssprache
in: Dokumentation und Information
Hrsg. E. Lutterbeck
Umschau-Verlag, Frankfurt/Main 1971

(119) Wersig, Gernot
Information-Kommunikation-Dokumentation
Beiträge zur Informations- und Doku-
mentationswissenschaft, Folge 5
Verlag Dokumentation, München-Pullach
und Berlin 1971, 351 S.

(120) Wersig, Gernot
Das Krankenhaus-Informationssystem (KIS)
Band 2 der Reihe: Informationssysteme,
Grundlagen und Praxis der Informations-
wissenschaften
Verlag Dokumentation, München-Pullach
und Berlin 1971, 150 S.
ISBN 3-7940-3452-X

(121) Wiener, Norbert
Kybernetik
Regelung und Nachrichtenübertragung
in Lebewesen und in der Maschine
2. Auflage
Econ Verlag GmbH, Düsseldorf, Wien 1963

(122) Wild, Jürgen
Managementprozesse und Informations-
verarbeitung
Datascope 4 (1971) S. 1-8

(123) Zimmermann, Werner
Prinzipien zur Erstellung von Instruk-
tionen für die Erfassung dokumentari-
scher Bezugseinheiten
Studiengruppe für Systemforschung e.V.,
Heidelberg, Bericht Nr. 100
Verlag Dokumentation, München-Pullach
und Berlin 1971

(124) Zimmermann, Werner
Hilfsmittel zur integrierten Erfassung
im Dokumentationsprozeß
Verlag Dokumentation, München-Pullach
und Berlin (in Vorbereitung)

(125) --
Allgemeiner Datenerhebungskatalog für
die Dokumentation in der Bundesver-
waltung ADEK
Entwurf eines funktiongerecht strukturier-
ten Katalogs der Auswertungselemente zur
Herstellung der Kompatibilität zwischen
Informationssystemen und als Grundlage
für die Erstellung von Hilfsmitteln zur
formalen Erfassung und inhaltlichen Er-
schließung von Dokumenten
BMI (Hrsg)
29. März 1972

(126) --
Aspekte der Forschungsplanung in der BRD
Informationen: Bildung, Wissenschaft
Der Bundesminister für Bildung und
Wissenschaft
Pressereferat, 53 Bonn 9,Postfach
1/71 vom 21. Januar 1971

(127) --
Bessere Information durch Leistungspläne
Instrument der Kontrolle der Forschungs-
förderung
Informationen: Bildung, Wissenschaft
Der Bundesminister für Bildung und
Wissenschaft, Pressereferat
4/72 vom 20. April 1972

(128) --
Bundesbericht Forschung IV
Bundestagsdrucksache VI/3251
Bonn, den 13. März 1972

(129) --
Das Informationsbankensystem
Vorschläge für die Planung und den Aufbau eines allgemeinen arbeitsteiligen Informationsbankensystems für die Bundesrepublik Deutschland
Teil I und II
Bonn, Karl Heymann's Verlag, 1971

(130) --
Das Juristische Informationssystem
Analyse, Planung, Vorschläge
Bericht der Projektgruppe BMJ/GMD/C-E-I-R an den Bundesminister der Justiz
Bonn, Januar 1972, brosch. Manuskript (demnächst im Verlag C.F. Müller, Karlsruhe) ca. 900 S.

(131) --
Datenverarbeitung im Recht
Sitzungsbericht T zum 48. Deutschen Juristentag
Verlag C. H. Beck, München 1970
ISBN 3-406-01593-X

(132) --
Forschungsgeräte unter Kontrolle
Frankfurter Allgemeine Zeitung, Nr. 118
Mittwoch, 24. Mai 1972, S. 23

(133) --
Information und Dokumentation in Wissenschaft und Technik. Vorschläge zum Aufbau eines umfassenden Informationsnetzes in der Bundesrepublik Deutschland
Gemeinschaftsausschuß der Technik, GDT
Schriften Nr. 1
Düsseldorf 1969

(134) --
Moderne Mittel des Verwaltungshandelns
Schriften zur Staats- und Gesellschaftspolitik
Godesberger Taschenbücher, Nr. 6
Godesberger Taschenbuchverlag
Bonn-Bad Godesberg 1970

(135) --
Ziele und Wege rationaler Forschungsplanung
Schriftenreihe des Bundesministers für wissenschaftliche Forschung
Heft 9, Forschungspolitik
Gersbach & Sohn Verlag, München 1969

(136) --
Zweiter Bericht der Bundesregierung über die Anwendung der elektronischen Datenverarbeitung in der Bundesverwaltung
Deutscher Bundestag, Drucksache VI/648
Bonn, 17. April 1970

(137) --
Zweifelhafte Informationssysteme
in: Naturwissenschaft und Technik
Frankfurter Allgemeine Zeitung Nr. 113
vom 17. Mai 1972, S. 33

Register

(A) = Abbildung. Hauptstellen sind in der Regel an dem f. bzw. ff. nach einer Seitenzahl erkenntlich.

A

Adaption 7(A), 14ff.
Adjunktion 7(A), 9(A)
Akten 118
Allgemeiner Datenerhebungskatalog (ADEK) 42, 49, 66, 103, 105(A), 107(A), 109
Alternativen im Entscheidungsprozeß 67(A), 69f., 72
- Bewertung 70f.
Anlagensuchkartei 117
Anweisung zur Übertragung der Daten auf maschinenlesbare Datenträger 107(A), 109
Arbeitsablauf, Organisation 35, 36(A), 42, 95, 105(A), 107(A)
Arbeitsplatzstudien 90, 105(A)
Arbeitsprozeß, Forschung als - 89ff.
- Definition 89
Arbeitssoziologie 89
Arbeitswissenschaft 89, 92
Auftraggeber von Forschungsaufträgen 119
Ausbildung, informationswissenschaftliche - von Führungskräften 71, 113
Ausschuß für Bildung und Wissenschaft 119
Auswertung von Dokumenten 33ff., 65
- integrierte 49, 51(A), 102
s.a. Erfassung, formale; Erschließung inhaltliche
Auswertungselemente 35, 36(A), 42ff., 49, 74f., 77, 105(A), 107(A), 117 119
Auswertungselemente (Forts.)
- Definition 42
- als Leerformeln 42
- als Kriterien für Typen von Informationssystemen 42f.
Axiome 4(A), 9(A)
Axiomensystem 18

B

Bedarfsanalyse 35, 36(A), 55, 105(A), 107(A)
Begriffe, abgeleitete 4(A)
Benutzer 51(A), 71
s.a. Entscheidungsträger, Forschungspersonal
Benutzerschulung 71, 113
Benutzerwünsche 35f., 36(A), 42, 83, 105(A), 107(A)
Benutzung von Informationen 88(A)
Bereitstellung von Informationen 68, 102, 115f.
Berichterstattung über laufende Projekte 114, 118ff.
Beschaffung von Material (Informationen) 30f., 37(A), 38, 94ff.
Beweis durch Ableitung 6(A)
Bewertung 70ff., 98, 111ff., 123
- von Alternativen im Entscheidungsprozeß 70f.
- Entscheidungsprozeß 70f.
- von Informationen 71, 79f., 112

Bewertung (Forts.)
- von Informationssystemen 113
- von Projekten 98, 103, 111ff.
Bewertungskriterien, Objektivität durch Quantifizierung der- 112f., 115
Bewertungsmethoden 113, 115
Bewertungsvorgang als Reihe von Informationsbewertungen 112
Bewußtsein 7(A)
Brainware-Kompatibilität 104, 108f.
Bundesförderungsprogramm Information und Dokumentation 111
Bundesministerium für Bildung und Wissenschaft (BMBW)
- Änderung des Beratungswesens 103
- Bundesförderungsprogramm Information und Dokumentation 111
- Modell-Datenbank für Förderungsvorhaben 99
Bundesministerium des Innern, Leistungspläne 119
Bundesrepublik Deutschland
- allgemeines, arbeitsteiliges Informationsbankensystem 111
- Aufgabe der staatlichen Forschungsplanung 26

C

Checklisten 59
Citation Index 41, 45
Clausewitz 22
Codierung 7(A), 107(A)
Computer s. EDV-Anlagen
Computer science s. Informatik (West)

D

Daten 41, 96
- formatierte 108
- Kontrolle s. Kontrolle
- nichtnumerische 34f., 55ff., 108
- numerische 34, 55ff., 63,93
s.a. Material
Datenausgabestation 108
Datenaustausch 108f., 116
Datenbank
- fachbezogene 121f.
- juristische 111
- Kommunikation mit - 51(A)
s.a. Informationsbankensystem; Informationsverbundnetz
Datenbasis 54(A)
s.a. Informationsbasis
Datenbeschaffung
s. Beschaffung
Datendetermination 18f.
Datendokumentation 40, 43f., 49, 51(A), 69f., 103, 116
s.a. Dokumentation, statistische; Faktendokumentation
Dateneingabe 37(A), 38
Dateneingabestation 108f.
Datenerfassung
s. Auswertung; Erfassung, formale; Erschließung, inhaltliche
Datenerfassungsschema 107(A)
Datenerhebungskatalog
s. Allgemeiner Datenerhebungskatalog; Spezieller Datenerhebungskatalog
Datentypen 83
Datenverarbeitung (Operationen) 37(A), 38
- in der Bundesverwaltung 111
Datenverdichtung s. Informationsverdichtung

Datei 54(A), 65
Deduktion 6(A), 9(A)
Definition 4(A)
s.a. Implizite Definition; Nominaldefinition; Realdefinition
Definitionslehre 9(A)
Deutsche Forschungsgemeinschaft 117
Deutsche Forschungs- und Versuchsanstalt für Luft- und Raumfahrt 100, 117
Deutscher Bundestag, parlamentarisches Informationssystem 41, 46, 49
Dialogverkehr 100
Dokument s. Material
Dokumentarische Bezugseinheit 42, 44
Dokumentarten 68f., 105(A), 107(A), 109, 120
Dokumentation 88(A)
- der Entscheidungsfindung 46f., 50f.(A), 52ff., 72, 74, 80, 99, 113, 121
- statistische 43, 50(A), 69f., 116, 118
s.a. Datendokumentation
- von Systemelementen 47f., 50(A), 75, 77, 97, 99
- von Vorgängen 41, 46, 50f.(A), 70, 74, 79, 93, 96, 99, 114, 118
- von Zusammenhängen 40, 45, 50f.(A), 73, 115, 121
s.a. Datendokumentation; Faktendokumentation; Information; Literaturdokumentation
Dokumentationseinheit 38, 51(A)
Dokumentationsgerechte Publikationen 95
Dokumentationsprozeß 35ff., 108, 110,
- Stufen 37(A)
s.a. Informationsprozeß
Dokumentationssystem 42
- zentrales 51(A)
s.a. Informationssystem
Dokumentationswürdigkeit 64
Dokumenttypen 105(A), 107(A), 109, 120
Du 7(A)
Durchführung der Entscheidung 67(A), 74ff.
Dynamische Auffassung der Wissenschaft
s. Wissenschaftsbetrachtung, dynamische

E

EDV-Anlagen 33, 35, 36(A), 38, 42, 56, 63, 66, 80, 97, 100, 105(A), 106, 107(A), 108ff., 117
- Auslastung 117
- Organisation 111
- als Hilfsmittel der Strukturwissenschaften 11
s.a. Hardware
Effektivität
- von Informationseinrichtungen 116
- des Mitteleinsatzes 91f.
Eingabe von Daten s. Dateneingabe
Einkaufskommission 117
Einzelprojekt 25
s.a. Projekt
Elektronische Datenverarbeitungsanlagen s. EDV-Anlagen
Empfänger von Forschungsaufträgen 119
Entscheidung
- Planung 31

Entscheidung (Forts.)
- Planung
  - Information 23, 84(A), 123
- Vergleich mit Zieldefinition 67(A), 78
- Willensakt 67(A), 71
Entscheidungen 59ff., 85
- Alternativen 84
- dispositive s. Entscheidungen, taktische
- Einfluß auf andere 67(A), 73
- Einzelpersonen 60
- Kontrolle
  - der Durchführung 58, 67(A), 77, 115, 118
  - des Erfolges 67(A), 77, 79, 119
- Maßnahmen zur Durchführung 67(A), 74ff.
- nicht programmierbare 80
- operative 54(A), 59ff., 62(A), 63, 80, 82(A), 83, 85, 96f.
- als output 56
- politische s. Entscheidungen, strategische
- programmierbare 80
- Rangfolge der Einzelmaßnahmen 67(A), 76ff.
- strategische 59ff., 62(A), 72, 81, 82(A), 85
- taktische 59ff., 62(A), 72, 81, 82(A), 85, 97
- Teilziele 75
Entscheidungsfindung 57f., 79
- Dokumentation der - s. dort
- Informationsbasis 67(A), 69, 71f., 74, 79, 81, 83
- Informationen und Zeit als Grundlage für - 60ff.

Entscheidungsfindung (Forts.)
- Organisationsstrukturen 64, 77
- Phasen 58
- Vorbereitung 75
Entscheidungsebenen 54(A), 59ff., 61, 62(A), 63ff., 80ff.
- Bezug zu Informationsebenen 81ff., 82(A)
Entscheidungsgrundlage 57
- Informationssystem als - 52ff.
- Informationsverdichtung als - 53
- Projektbewertung als - 113
Entscheidungshierarchie 60, 62(A), 63f.
Entscheidungskollektive 60, 62(A), 63, 72f., 113
- Definition 64
Entscheidungskriterien
- Formalisierung 80
- keine Formalisierung 80f.
Entscheidungs-Matrix 62(A)
Entscheidungsmodell, klassisches 52
Entscheidungsprozeß 23, 27, 55, 57f., 60, 74, 79f., 121
- Ablauf 66ff., 67(A)
- Alternativen 67(A), 69f., 72
- Bewertung 70f.
- und Forschungsplanung s. dort
- als Kreisprozeß 78, 84
- als kybernetischer Regelungsprozeß 58ff.
- Notwendigkeit der Dokumentierung 78
Entscheidungspyramide s. Management-Pyramide
Entscheidungstabellen 70
Entscheidungstheoretische Überlegungen 59ff.

Entscheidungsträger 55, 57, 59, 65, 70ff., 77, 81, 83, 114,117
  s.a. Führungskräfte
Entscheidungsüberlastung 57
Entscheidungsvorbereitung 26, 53, 84, 116,118
  s.a. Informations-Management-System; Ist-Zustand
Entwicklung, technologische 29(A)
Erfahrungswissenschaften s. Realwissenschaften
Erfassung, formale 36f.(A), 38, 42, 51(A), 64, 66, 103, 108
  - Erstellung von Instruktionen zur - 105(A), 107(A), 109
  - Prinzipien zur Erstellung von Instruktionen zur - 105(A), 109
  s.a. Auswertung von Dokumenten
Erfolgskontrolle s. Entscheidungen, Kontrolle des Erfolges
Erschließung, inhaltliche 36f.(A), 38, 42, 51(A), 121
  - Hilfsmittel zur - 105(A), 107(A), 120
  - Regeln zur Erstellung von Hilfsmitteln zur - 105(A), 109
  - vieldimensionale 120
  s.a. Auswertung von Dokumenten
Es 7(A)
Experiment 6(A)
Explikation 4(A)

F

Fachgebiete s. Informationseinrichtungen, fachbezogene
Faktendokumentation 43, 48, 50(A), 69f., 93,
Faktendokumentation (Forts.)
  96, 116, 118
  s.a. Datendokumentation
Fehlentscheidungen 65,68
Förderungsanträge 120
Förderungsvorhaben, Modell-Datenbank für - 99
  s.a. Projekt
Formalwissenschaften 17(A), 18, 25, 123
  - Definition 5
  - kybernetische 7(A), 9(A), 17(A), 18, 21, 123
    - als Betrachtungsweise im Bereich von Real- und Geisteswissenschaften 11
    - Spezialwissenschaft 11, 18
    - Vertreter 11
  - theoretisch beweisende 6(A), 9(A)
Forschung 27ff., 123
  + angewandte 28; 29(A)
  - als Arbeitsprozeß 89ff.
    - Definition 89
  - Definition 27
  - und Entwicklung 94, 98, 101
  - experimentelle 28, 29(A)
  - Freiheitsgrade 27f., 29(A), 90
  - Lücken 98
  - und Planung s. Forschungsplanung
  - projektbezogene 24f.
    s.a. Projekt
  - als Zweckforschung 27
Forschungsaufträge 119
Forschungsaufwand 23, 26, 30, 76, 90, 112, 114
  s.a. Mitteleinsatz
Forschungsbericht 120
Forschungsbetriebslehre 89
Forschungsfinanzierung s. Forschungsaufwand

Forschungsförderung 26, 65, 98, 113, 118f.
- strategische Entscheidungen 60
- in USA 26
Forschungsgegenstand 27, 30, 90
s.a. Gegenstand; Projekt
Forschungsgestaltung, autonome 26
Forschungsinstitution 93f.
Forschungsmanagement 2, 26f., 30, 92, 98f.
s.a. Management
Forschungsmittel 27, 30, 90
Forschungspersonal 27, 30, 69, 90, 95, 116
s.a. Entscheidungsträger
Forschungsplanung 23ff., 119, 123
- Aspekte 1f.
- Aufgabe in der Bundesrepublik Deutschland 26
- Ausgangspunkte 26f.
- Bedeutung von Informationsproblemen für - 27
s.a. Forschungsprozeß als Kette von Informationsprozessen
- Dokumentarten 68f.
s.a. Dokumentarten
- Entscheidungsebenen 60
s.a. Entscheidungsebenen
- und Entscheidungsprozeß 56, 66, 69, 84f.
- und Informationssystem 100, 119ff.
- und Informations-Verbund 101 ff.
- und Informationsverarbeitung 38f.
- Kommunikationsprobleme 87, 93ff.
- Prioritäten 112, 114
Forschungsplanung (Forts.)
- wegorientierte 87ff., 92f., 121
- Konsequenzen 95ff.
- Schwerpunkt bezüglich der Informationsprobleme 98
s.a. Planung, wegorientierte
- zielorientierte 97ff., 103, 11ff., 121
- Aufgabe 98f.
- Konsequenzen 115ff.
s.a. Planung, zielorientierte
Forschungspolitik 1, 26, 52, 72, 98f., 102f., 113, 117ff., 121
Forschungspotential 95
Forschungsprozeß 28, 30, 92
- Gemeinsamkeiten von - 89
- als Kette von Informationsprozessen 1, 23, 39, 58, 64, 66ff., 86f., 88(A), 93ff.
- Kommunikationsprobleme s. Kommunikation
- Zwischenergebnisse 93
s.a. Forschung
Forschungstätigkeit 99
- Definition 96
s.a. Forschung
Forschungstechnologie 89
Forschungsvorhaben s. Projekt
Freiheitsgrade in der Forschung s. Forschung, Freiheitsgrade
Führungsfunktion s. Management
Führungskräfte, Ausbildung 71, 113
s.a. Entscheidungsträger
Fundstellennachweis, differenzierter 46
Funktionen, wertsetzende 7(A)

G

Garching-Instrumenten-Gesellschaft zur industriellen Nutzung von Forschungsergebnissen mbH 117
Gegenstand der Wissenschaft 4(A), 6f.(A), 7(A)
Geisteswissenschaften
s. interpretierende Wissenschaften
General Accounting Office 101
Geräteeinsatzstudien 90f.
Geräteliste 117
Gesellschaft für Kernforschung Karlsruhe 117
Gesellschaft für Mathematik und Datenverarbeitung 99
Gesellschaftsordnung, pluralistische 108
Gesellschaftspolitik 25f., 112
- Entscheidungen 60
Goethe 3
Großforschung 24, 65, 85, 92, 95, 97
- strategische Entscheidungen 60
Grundbegriffe 4(A)
Grundlagenforschung 27f., 29(A)
Grundsätze 4(A)
Gruppe 62
- Definition 64

H

Handlungswissenschaften 13, 17(A), 18, 25
Hardware 109
s.a. EDV-Anlagen
Hardware-Kompatibilität 104, 106, 108, 110
Haushaltsausschuß des Deutschen Bundestages 119
Heisenberg 13
Heraklit
- Wissenschaftsbetrachtung 7(A), 8
s.a. Wissenschaftsbetrachtung, dynamische

I

Ich 7(A)
Identifikationselemente 44
Ideologen 17(A), 19
Industrielle Fertigung 29(A)
Inhaltsangaben 44
Inhaltskennzeichnung 35, 44
s.a. Erschließung, inhaltliche
Implizite Definition 6(A), 9(A)
Induktion 6(A), 9(A)
Informatik
- (Ost) = information science
- Begriff 32
s. Informationswissenschaften
- (West) = computer science 32f.
- Begriff 32
s. Informationsverarbeitung
Information
- aktive 73
- Bedeutung
- allgemein 124
- in transklassischen Wissenschaften 8
- und Dokumentation 32ff.
s.a. Dokumentation
- Bundesförderungsprogramm 111
- Planung, Entscheidung 23, 84(A), 123
Information science
- Begriff 32
s. Informationswissenschaften
Informationen
- aufbereitete 61, 62(A), 63ff., 82(A), 96, 102

Informationen
- aufbereitete (Forts.) s. Informationsverdichtung
- Benutzung 88(A)
- Beschaffenheit (Qualität) 41
- Bewertung 58
- externe 82(A)
- Funktionen bei Entscheidungsfindung 53, 57f., 60
- als Grundlage der Planung 16ff., 27 s.a. Planung; Forschungsplanung
- als input 56
- interne 82(A)
- Kontrolle s. Kontrolle
- Kreislauf von - 86f., 88(A) s.a. Forschungsprozeß als Kette von Informationsprozessen
- Manipulation 65
  - Vermeidung 66
- als Plandaten 30
- qualitative 61, 62(A)
- quantitative 61, 62(A)
- Zugriff zu - 60
- Zugriffszeit 60f., 62(A)

Informationsaustausch s. Datenaustausch

Informationsbankennetz s. Informationsverbundnetz

Informationsbankensystem, allgemeines, arbeitsteiliges - für die BRD 111 s.a. Datenbank

Informationsbasis 53, 57, 67(A), 69, 71f., 74, 79, 81, 83, 86f., 96, 99, 116

Informationsbedürfnis s. Bedarfsanalyse; Benutzerwünsche

Informationsbereitstellung 68, 102, 115f.

Informationsbeschaffung s. Material, Beschaffung

Informationsbewertungen 71, 79f., 112

Informationsdienste 100f.
- Verbund 109f. s.a. Informationseinrichtungen

Informationsebenen 80ff.
- Bezug zu Entscheidungsebenen 81ff., 82(A)

Informationselemente 42, 49

Informationseinrichtungen 95, 109f., 116
- Ausbau 119
- fachbezogene 40, 97, 104, 116
- organisationsbezogene 39f. s.a. Informationsdienste

Informationsfluß 83, 110
- und Führungstätigkeit 63, 65
- -untersuchung 105(A)

Informationsforschung 32f.

Informationskontrolle s. Kontrolle von Informationen

Informationslücken 68

Informations-Management 57
- System (IMS) 57

Informationsmenge 53, 63, 66, 84, 102 s.a. Material

Informationsprobleme
- Bewältigung 31
- der wegorientierten Forschungsplanung 87, 89,98

Informationsprozeß 1f., 30, 69, 86f., 88(A)
- und Forschungsprozeß 1, 23, 39, 58, 64, 66ff., 83, 86f., 88(A), 93ff.
- Notwendigkeit des individuellen Bezugs 81ff.

Informationsprozeß (Forts.)
s.a. Dokumentationsprozeß; Entscheidungen; Forschung; Informationen
Informationssystem 35ff., 96, 109
- allgemeines 105(A), 106ff., 107(A)
- Anforderungen bei großen Forschungsvorhaben 97
- Aufzählung spezieller - 99f.
- benutzerorientiertes 71
- Bewertung 113
- als Entscheidungsgrundlage 52ff.
s.a. Dokumentation der Entscheidungsfindung
- für Forschungsplanung 119ff.
- und Wirtschaftsplanung 100
- horizontale Ebene 49, 53
- integriertes 48ff., 51(A)
s.a. Informationssystem, komplexes
- juristisches 41,73
s.a. Datenbank, juristische
- Kompatibilität 42, 49, 96f., 104ff., 107(A), 108
- komplexes 48ff., 83, 104, 11, 121
- Subsysteme 49, 51(A), 83, 121
- Struktur eines - mit verschiedenen Typen 50(A)
- konkretes 105(A), 106ff., 107(A)
- einer Koordinierungsstelle 119
- Organisation 65, 95
- parlamentarisches 41, 46, 49

Informationssystem (Forts.)
- Patentwesen 111
- Schritte beim Entwurf 35, 36(A), 106ff., 107(A)
- Stufen des Dokumentationsprozesses in einem - 37(A), 38
- Typen 39ff., 43ff., 79, 87, 96f., 121
- Kriterien 39f., 42f.
- Überlappung 49, 50(A)
- Typ I: Statistische Dokumentation 43, 48f., 51(A), 69f., 116, 118
- Typ II: Faktendokumentation 43, 48f., 51(A), 69f., 93, 96, 103, 116, 118
- Typ III: Literaturdokumentation 44, 48, 68, 97, 99, 103, 116, 118
- Typ IV: Dokumentation von Zusammenhängen 45, 51(A), 73, 115, 121
- Typ V: Dokumentation von Vorgängen 46, 51(A), 70, 74, 79, 93, 96, 99, 114, 118
- Typ VI: Dokumentation der Entscheidungsfindung 46f., 51(A), 52ff., 72, 74, 80, 99, 113, 121
- Typ VII: Dokumentation von Systemelementen bzw. Planungsinformationssystem 47f., 75, 77, 97
- USA, NASA 100
- vertikale Ebene 53
Informationstheorie 7(A), 9(A), 11,32f.
Informationsübermittlung 53
Informationsübertragung 33
Informations- und Dokumentationsstelle s. Informationseinrichtungen

Informationsverarbeitung 33, 53, 123
Informationsverbundnetz 49, 102ff., 121
- Forschungsplanung durch - 101ff.
- methodologische Probleme 102, 104ff.
- organisatorische Probleme 102, 104, 109f.
- technische Probleme 102, 104, 106
s.a. Datenbank; Informationsbankensystem
Informationsverdichtung 53, 54(A), 55, 63f.
s.a. Informationen, aufbereitete
Informationsverlust 109
- Verhinderung 65
Informationswissenschaften 32ff., 94, 96, 104, 108, 119, 123
- Formalwissenschaften 123
- interpretierende Wissenschaften 123
- Realwissenschaften 123
Innovation, Definition 120
Institut für Plasmaphysik der MPG 117
Instruktionen zur formalen Erfassung
- Erstellung von - 105(A), 107(A)
- Prinzipien zur Erstellung von - 105(A)
Integration
s. Auswertung, integrierte; Informationssystem, integriertes
Interpretation 7(A), 9(A)
Interpretierende Wissenschaften 13, 17(A), 19, 25, 29(A), 123f.
- Definition 5
- intuitiv metaphysisch 6(A), 9(A)
- kybernetische 7(A), 9(A)
Intuition 6(A)
Issue-Based-Information-System (IBIS) 46
s. Dokumentation der Entscheidungsfindung
Ist-Zustand 21, 48, 67(A), 68f. 74, 77, 99, 103, 116, 118
Iteration 7(A), 9(A)

K

Kant 3
Kartei 109
- großer Geräte 117
Kernforschungsanlage Jülich 117
Klassifikation 109,120
s.a. Thesaurus
Kleinste adressierbare Einheiten 42, 107(A)
Kollektive s. Entscheidungskollektive
Kommunikation
- Probleme der - bei der Forschungsplanung 87, 93ff.
- innerhalb eines bestimmten Forschungsprozesses 93,95
- während Ablauf eines Projektes 93f.
- mit Partnern außerhalb eines Projektes 94, 96
Kommunikationsprozeß 35
Kommunikationstheorie 7(A), 9(A)
Kompatibilität zwischen Informationssystemen s. Informationssysteme, Kompatibilität
s.a. Brainware-Kompatibilität; Hardware-Kompatibilität; Software-Kompatibilität
Konkordanzprogramme 108
s.a Programme

Kontrolle
- der Durchführung einer Entscheidung 58, 67(A), 77, 79
- des Erfolges einer Entscheidung 67(A), 77, 79 , 119
- von Informationen 54(A), 64f.
- des Mitteleinsatzes 98f.
- von Projekten 114

Kontrollgrößen
- Abweichtoleranzen 77
- Überwachung 77

Kontrollinformationen 54(A)

Koordinierungsstelle 119
- Aufgabe 121
- Informationssystem einer - 119

Korrektur von Daten 37(A), 38

Kosten s. Forschungsaufwand; Mitteleinsatz

Kostenanalysen 70

Kosten-Nutzen-Relation 26, 70

Kreislauf von Informationen 86f., 88(A)

Kybernetik 5,7ff., 13, 19, 23, 93
- Begriff 10ff.
- Rückkoppelung durch Informationen 14ff., 123

Kybernetischer Regelungsprozeß, Entscheidungsprozeß als - 58, 84

L

Lernen 7(A), 14ff.

LEX-Thesaurus 100

Library of Congress 100

Literaturdokumentation 40, 44, 48, 50(A), 68, 97, 99, 103, 116f.

Logik
- beim Entwurf von Informationssystemen 108

Logik (Forts.)
- von Informationsprozeß und Forschungsprozeß 94

Lohmar 12

M

Management
- Definition 56
- mittleres 54(A), 59
- unteres 54(A), 59
- s.a. Forschungs-Management; Informations-Management; Top-Management

Managementbasis 54(A)

Management-Entscheidungs-System (Man Machine Decision System = MDS) 56

Management-Informations-System (MIS) 34, 53, 80
- Gründe für Versagen 56
- Kosten 53
- in USA 55

Management-Pyramide 53, 54(A), 59, 61, 64
- Widerspiegelung der Personalstruktur 81

Management Sciences 59

Manipulation von Informationen 65
- Vermeidung 66

Massachusetts Institute of Technology 55

Material 34ff., 36(A), 110
- Beschaffung 30f., 37(A), 38, 94ff.
- Menge 110
  s.a. Informationsmenge
- Umfang 110

Max-Planck-Gesellschaft 117

Meta-Wissenschaft 4(A)

Methoden
- für Bewertung von Alternativen in Entscheidungsprozessen 70f.
- der Planung 2,96
  s.a. Forschungsplanung, weg/zielorientierte

Methoden (Forts.)
- der Wissenschaft 4(A)
Methodologie 9(A)
Mikrofilm 33, 109f.
Mitteleinsatz 25ff., 69, 99, 102, 115, 119
- Effektivität 91f.
- für MIS in USA 55
s.a. Forschungsaufwand
Modell- Datenbank für Förderungsvorhaben beim BMBW 99
Monitoring-Systeme 47,77

N

Nachrichtentheorie 9(A)
NASA, Informationssystem 100
National Referral Center for Science and Technology 100
National Science Foundation 100
Naturwissenschaften s. Realwissenschaften
Netzplantechnik, Hilfsmittel im Entscheidungsprozeß 74, 91
Newton 124
Nichtnumerik 34f., 55ff. 108
Nominaldefinition 6(A), 9(A)
Numerik 34, 55ff., 63, 93
Nutzen für die Zielerreichung 76

O

Objektivität bei der Bewertung 112f., 115
Ontologie
- klassische, kategoriale 5, 6(A), 8, 9(A)
- prozessuale 7(A), 9(A)
Ordnungsmethoden 36(A), 105(A), 107(A)
Operations Research 17(A), 18, 59, 91
Organisation
- Informationsdienste 109
- Informationssysteme 65, 95
Organisationseinheiten (Behörden, Verbände) 110

P

Parmenides
- Wissenschaftsbetrachtung 6(A), 8
s.a. Wissenschaftsbetrachtung, statische
Periodische Meldungen 118
s.a. Dokumentation von Vorgängen
Personal s. Forschungspersonal
Personaldaten 118
Personalplanung 90
Philosophie
- klassische s. Wissenschaften, klassische
- transklassische s. Wissenschaften, transklassische
Plandaten s. Informationen als Plandaten
Planer 17(A), 18
Planung 19ff., 29f., 121, 123
- Aufgabe 21
- Definitionen 19ff., 23
- Entscheidung 23, 31
- Information 23, 84(A), 123
- falsch verstandene 12
- von Forschung s. Forschungsplanung
- Informationen als Grundlage der - 16ff., 27
s.a. Forschungsplanung
- komplexe 17(A), 23
- Methoden 2, 96
s.a. Forschungsplanung/Planung, wegorientierte/zielorientierte

Planung (Forts.)
- operative 55
s.a. Planung, wegorientierte
- als Prozeß 22f., 30
s.a. Forschungsprozeß
- strategische 22, 55
s.a. Planung, zielorientierte
- System, Prozeß 16ff., 17(A)
- taktische 22
s.a. Planung, wegorientierte
- wegorientierte 2,24 27, 30, 38, 55, 68f., 85f.
Definition 22
s.a. Forschungsplanung, wegorientierte
- wohlverstandene 13
- zielorientierte 2, 24, 27, 30, 38, 55f., 68, 70, 72, 85, 87, 114
- Definition 22
s.a. Forschungsplanung, zielorientierte
Planungsdaten 92
Planungsinformationssystem 48 s. Dokumentation von Systemelementen
Planungsrechnung 17(A) 18
Plato
- Ideenlehre 3
- Kybernetik 10
Politik und naturwissenschaftliche Denkmethoden 13
Präsentation der Suchergebnisse 35, 36(A), 38, 105(A)
Pragmatik 7(A), 9(A)
Prinzipien, logische 6(A), 9(A)
Privatsphäre 111
Problemtypen 80
Produktion 28, 29(A),88(A)
Prognosen, Definition 21
Programme 56f., 106f., 109
s.a. Konkordanzprogramme
Programmiersprachen, problemorientierte 108
Programmierung 35, 36(A), 38, 105(A), 107(A), 108
Programmstrukturen 105(A), 109
Projekt 24ff., 57, 60, 92, 95ff., 99f., 118, 120f.
- Berichterstattung über laufendes 114, 118ff.
- Bewertung 98, 103, 111ff.
- Dokumentation des Ablaufs 46
- Kommunikationsprobleme 93f.
- Prioritätsbestimmung 98
- Zuordnung zu Sachgebiet 120
s.a. Förderungsvorhaben
Projektkontrolle
- Bewertungen bei 114
Projektwissenschaften 24
Prozeß
- Planung als - 22f., 30
- Planung, System 16ff., 17(A)
- probabilistischer 16, 17(A), 20, 30
- determinierter 16ff., 17(A), 19
Prüfung von Daten 37(A), 38
Psychologie 12, 94
Publikation 88(A), 95

R

Rangfolge der Einzelmaßnahmen bei der Entscheidungsfindung 67(A), 76ff.

Raumplanung 91
Raumstudien 90f.
Realdefinition 6(A), 9(A)
Realwissenschaften 12f., 17(A), 18, 25, 29(A), 123f.
- Definition 5
- empirisch angewandt 6(A), 9(A)
- kybernetische 7(A), 9(A)
- Sozialwissenschaften 12f.
Redaktion 88(A)
Regelungstheorie 7(A), 9(A)
Relation 7(A)
Reproduktionsgeräte 109f.
Reprographie 33
Ressourcen, Analyse der- 67(A), 69, 76f., 116f.
Rittel 24
Rückkoppelung 7(A), 14, 22, 67(A), 72, 74, 77f., 93, 123
Rückwärtsdokumentation s. Citation Index

S

Sätze, abgeleitete 4(A)
Schriftgut 118
Schrifttum 118
Schutz der Privatsphäre 111
"Schwarzer Kasten" 7(A), 9(A)
Science Information Exchange 100
SDI (Selective dissemination of information) 73
Sein 9(A)
- doppelt reflektiertes 7(A)
- formales 6(A)
- ideales 6(A)
- reales 6(A)
- reflektiertes 7(A)
- unreflektiertes 7(A)
Selbstbewußtsein 7(A)
Semantik 7(A), 9(A)
Semiotik 9(A)
Shannon 33
Sichtlochkartei 96
Signaltheorie 32
Smithonian Institute, Science Information Exchange 100
Software 109
- Definition 106
s.a. Programme
Software-Kompatibilität 104, 106, 108
Softwaresklaverei 33
Soll-Zustand 21f., 48, 74, 78
Sozialwissenschaften
- Realwissenschaften 12f.
Soziologie 12, 94
Speicherung 38
- direkte 37(A)
- invertierte 37(A)
Spekulation 6(A), 9(A)
Spezialwissenschaft s. Formalwissenschaft als-
Spezieller Datenerhebungskatalog 105(A), 107(A), 119
Spieltheorie 11
Statische Auffassung der Wissenschaft s. Wissenschaftsbetrachtung, statische
Steuerung 7(A)
Steuerungsinformationen 54(A)
Stiftung für Hochschul- und Forschungsdokumentation (Frankfurt) 100
Stiftung Volkswagenwerk 99
Strukturwissenschaften s. Formalwissenschaften, kybernetische
Subjektivität bei der Bewertung 112f., 115
Subsysteme 49, 51(A), 83, 121
Superisation 7(A), 9(A)
Syntaktik 7(A), 9(A)
System 14ff., 17(A)
-adaptives 14, 15(A)
- Definition 14
-Definition 14
-dynamisches 14,17(A),19

System (Forts.)
- einfaches 16, 17(A), 18
- formaler Signale 7(A)
- komplexes 16, 17(A), 18f., 90
- kybernetisches 93
s.a. Kybernetik
- lernendes 14, 15(A), 18f., 124
- Definition 14
- probabilistisches 90
- Prozeß, Planung 16ff., 17(A)
- realer Signale 7(A)
- starres 15(A), 17(A), 18
- Definition 14
- Wissenschaft als- 4(A)
Systemanalyse 11, 16, 21, 28ff., 34, 47
Systemforschung 16, 27
Systemkonformität 74
Systemüberwachung 47, 50, 77, 92
s.a. Dokumentation von Systemelementen

T

Teamwork 93
Technische Hilfsmittel
s. EDV-Anlagen; Hardware
Technik s. Realwissenschaften
Technokraten 17(A), 18
Theoreme 4(A)
Thesaurus 109, 121
Top-Management 54(A), 59f.
s.a. Management
TÜV (Technischer Überwachungsverein) 41, 46
Typologie
von Informationssystemen
s. Informationssytem, Typen

U

Überzeugung 6(A)
Umwelt 13, 33, 114f., 120
USAEC 101
US-Department of Commerce 100
US-Department of Defence 100

V

Verhaltenslehre 6(A), 9(A)
Verifikation 6(A)
Verwaltungsinformationssystem 118
Verweisungen, explizite 41, 45, 73
Volltextspeicherung 51(A)
Vorgang 45
s. Dokumentation von Vorgängen

W

Wahrheit
- dogmatische 6(A)
- subjektive 6(A)
Wahrheitsbegriff
- absoluter 6(A)
- relativer 6(A)
Wahrscheinlichkeit 7(A)
Weaver 33
Wegorientierte Planung
s. Planung, wegorientierte
Weizsäcker
- Information 124
- Kybernetik 11
Werden s. Ontologie, prozessuale
Wert- und Verhaltenslehre 6(A), 9(A)
Widerspruchsfreiheit 6(A)
Wiener 33
Wirklichkeit 6(A)

Wirtschaftlichkeitsstudien 90ff.
s.a. Forschungsaufwand; Mitteleinsatz
Wissenschaft 3ff., 24
- Definitionen 3, 4(A)
- eigentliche 4(A)
- Gegenstand der- 4(A), 6f.(A), 7(A)
- Grundfragen 5, 6f.(A)
- Gültigkeit
- allgemein 6(A)
- objektiv 7(A)
- singulär 6(A)
- subjektiv 7(A)
- Methoden 4(A)
- als System
- von Begriffen 4(A)
- von Regeln 4(A)
- von Sätzen 4(A)
- im technischen Zeitalter
- Typen s. Wissenschaftstypen
s.a. Formalwissenschaften; Handlungswissenschaften; Interpretierende Wissenschaften; Projektwissenschaften; Realwissenschaften; Sozialwissenschaften;
Wissenschaften
- klassische 3, 5ff.
- Hierarchie 8, 9(A)
- transklassische 3, 5, 7(A),8,123
- Hierarchie 9(A),10
Wissenschaftler s. Forschungspersonal
Wissenschaftsbetrachtung
- dynamische 3, 7(A), 8
- kybernetische 5, 13, 19, 23
s.a. Kybernetik
- statische 3, 6(A), 8
- Wandel 3, 5ff.
Wissenschaftsgläubigkeit 13
Wissenschaftspolitik 24, 92
s.a. Forschungspolitik
Wissenschaftstheoretische Überlegungen 3ff.
Wissenschaftstheorien, moderne 3, 8
Wissenschaftstypen 5
- der kategorialen Ontologie 6(A), 9(A)
- der prozessualen Ontologie 7(A), 9(A)

Z

Zeichen s. System formaler Signale
Zeichentheorie 32
Zeit, Bedarf im Entscheidungsprozeß 70, 76
s.a. Zugriffszeit
Zeitalter, nachindustrielles 124
Zeitstudien 90f.
Zieldefinition 67(A), 68, 78
Zielmodifikation 67(A), 78
Zielorientierte
- Forschungsplanung s. Forschungsplanung, zielorientierte
- Planung s. Planung, zielorientierte
Zielvorstellungen 23, 98f.
Zugriffszeit zu Informationen 60, 62(A), 63, 72
Zuständigkeitbereiche 81, 82(A)
Zustimmung 6(A)
Zwischenergebnisse im Forschungsprozeß 93

FSC
www.fsc.org
MIX
Papier | Fördert
gute Waldnutzung
FSC® C083411

Kolibri 360 GmbH
Ferdinand-Jühlke-Straße 7
99095 Erfurt, Deutschland
produktsicherheit@kolibri360.de